叠前流体识别方法与应用

杨培杰　罗红梅　编著

石油工業出版社

内 容 提 要

本书将理论、算法和实际应用有效地结合，详细介绍了地震岩石物理的分类和建模方法；在对流体因子进行系统总结的基础上，阐述了一种自主开发的流体因子敏感性定量分析方法；总结提炼了地震反问题的特点及其求解思路，详细阐述了自主研发的三种叠前三参数同步反演方法，从不同的思路实现纵波阻抗、横波阻抗、密度三参数反演，进而进行流体识别，最后介绍了一种基于叠前反演的流体因子直接提取方法，其优势在于能够减小间接计算流体因子的累计误差，使流体识别结果更加准确可靠。

本书可供油藏、地质勘探等专业的科技人员、技术人员参考阅读，也可作为石油院校相关专业师生的参考书。

图书在版编目（CIP）数据

叠前流体识别方法与应用/杨培杰，罗红梅编著．—北京：石油工业出版社，2019.9

ISBN 978-7-5183-3233-5

Ⅰ.①叠… Ⅱ.①杨… ②罗… Ⅲ.①地震-岩石物理学-研究 Ⅳ.①P315.2 ②P584

中国版本图书馆 CIP 数据核字（2019）第 049125 号

出版发行：石油工业出版社

（北京安定门外安华里 2 区 1 号　100011）

网　址：www.petropub.com

图书营销中心：（010）64523633

编辑部：（010）64523541

经　销：全国新华书店

印　刷：北京中石油彩色印刷有限责任公司

2019 年 9 月第 1 版　2019 年 9 月第 1 次印刷

787×1092 毫米　开本：1/16　印张：8.25

字数：200 千字

定价：68.00 元

（如出现印装质量问题，我社图书营销中心负责调换）

前言

地震信号的特征取决于其传播的介质的弹性参数，而多孔介质的弹性参数取决于岩石固有特性（岩性、孔隙度等）、流体性质和流体饱和度等，为了从地震信号中推断岩石流体性质，国内外的学者们提出了很多不同的地震反演方法。

叠后反演技术现已成为国内外各大油田储层描述和预测的常规技术。多年来，中国石化胜利油田每年都会选择一些重点的三维区块，运用叠后波阻抗反演技术进行反演处理。但是，由于叠后反演自身的不足，其反演结果在岩性识别，特别是流体识别方面的应用效果并不明显。因此，如何通过叠前反演来提高流体检测的准确性和可靠性，是实际勘探开发中所面临的关键问题之一。

为此，中国石油化工集团公司科技部和中国石油化工股份有限公司胜利油田分公司科技处设立了多项有针对性的流体识别课题，从方法机理入手，将科研与生产有效结合，在多个地区开展了叠前流体识别研究。以中国石化胜利油田为例，其已在济阳坳陷胜坨、垦东、埕岛、草桥、曲堤等地区开展了叠前反演与流体识别方面的实际应用，流体识别的准确度和稳定性得到了进一步的提高。地质人员在叠前流体识别结果的辅助下部署井位，取得了较好的应用效果，近几年来累计上报预测石油地质储量 7916×10^4t，新增可采石油地质储量 594×10^4t。中国石化胜利油田现已在叠前流体识别方面形成了生产力，并且在井位部署和储量发现等方面发挥着重要的作用。

叠前流体识别的核心是如何将岩石物理分析和叠前反演有效结合，提高流体识别的准确性和可靠性。岩石物理分析的目的是建立弹性参数和物性参数之间的关系，分析对不同地区储层流体最为敏感的流体因子，从而进一步推导包含流体因子的近似方程，岩石物理分析也是横波速度估计的关键。叠前反演的目的是将这些敏感流体因子、近似方程和叠前道集、地震子波以及所建立的反演模型相结合，以实现快速、稳定的叠前流体识别。因此，提高岩石物理分析的精度和准确性、优化叠前反演算法的效率和稳定性，是提高叠前流体识别准确度和可靠性的关键问题。

国内外出版了很多关于地震反演和流体识别方面的理论书籍（Tarantola，2005；Oliver，2008；傅淑芳等，1998；孟宪军，2006；印兴耀等，2010），这些书籍从不同方面对地震反演和流体识别进行了论述。本书以作者多年的科研和生产成果为基础，将理论方法、公式推导、实际应用有机结合，阐述了几种自主研发的实际效果较好、应用较为广泛的叠前流体识别方法。第一章阐述了叠前反演与流体识别的概念和研究进展；第二章介绍了岩石弹性参数及其相互关系，详细阐述了地震岩石物理的分类和建模方法，介绍了一种自主开发的基于Simon岩石物理模型的精细横波速度估计方法；第三章在对流体因子进行系统总结的基础上，阐述了一种自主开发的流体因子敏感性定量分析方法；第四章总结提炼了反演问题的不适定性与非线性及其求解思路，并对地震反演进行了详细的分类；第五章详细阐述了自主研发的三种叠前三参数同步反演方法，从不同的思路实现纵波阻抗、横波阻抗、密度三参数同步反演，进而通过这些参数进行流体识别；第六章介绍了自主开发的一种基于叠前反演的流体因子直接提取方法，该方法可以通过直接提取流体因子实现流体识别，使流体识别结果更加准确可靠。

本书不仅能够帮助读者更好地理解岩石物理、叠前反演、流体识别等方面的内容，读者还可以根据书中的方法和公式，开发属于自己的叠前反演和流体识别新方法，具有较高的理论和应用价值。

由于笔者水平有限，书中难免会有叙述不当或是疏漏之处，敬请读者批评指正。

目录

第1章 绪　　论

地震反演是储层预测中的一项核心技术，其目的是将地震资料和测井、岩心等资料相结合，反推地下的波阻抗或速度的分布，估算储层参数，进而进行储层预测和油藏描述，为油气勘探和开发提供可靠的基础资料。

根据所使用的地震资料不同，地震反演主要分为叠后地震反演和叠前地震反演两大类。叠后地震反演方便快捷，其反演结果在一定程度上能够反映储层内部的变化，但由于叠后地震反演使用的是全角度叠加的地震资料，缺乏叠前数据所包含的丰富的振幅和旅行时信息。叠前地震反演与叠后地震反演相比，保留了地震反射振幅随偏移距不同而变化(Amplitude Versus Offset，AVO)的特征，能够提供储层岩性、物性和流体变化规律的更多、更有效的反演结果。叠前地震反演较叠后地震反演推进一步，能更可靠地揭示地下储层的岩性、物性和含油气性。

从实现方式上，地震反演主要分为分步反演方法(Grana 等，2010)和同步反演方法(Gonzalez 等，2008)。在分步反演方法中，首先确定地或随机地从地震数据反演出弹性参数，然后通过岩石物理模型将这些弹性参数转换为感兴趣的储层性质；同步反演方法的目的是同时估计弹性参数或储层性质，从而保证这些性质与地震数据的一致性。

从反演目标函数的求解上，地震反演主要有两种，第一种属于确定性反演方法(Yang 等，2008)，通过最优化目标函数来求解，这类方法计算效率高，但所得到的反演结果的分辨率与地震数据相近；第二种属于随机反演方法，通过随机模拟的方法来实现(Haas 等，1994)，这类方法的反演结果分辨率高，但是结果往往不太稳定，并且计算成本较高。

从反演结果的数据体上，地震反演可分为弹性参数反演(Russell，1988)和岩石物理反演(Doyen，2007)。弹性参数反演的目的是通过地震数据来得到各种弹性参数，如纵横波速度、密度、体积模量、剪切模量等，弹性参数反演可以使用复杂的正演模型和反演算法，如全波形反演(Bacharach，2006)和随机优化或计算强度较小的方法，如地震褶积模型(Robinson，1980)和最小二乘反演；岩石物理反演是对弹性参数反演所得到的弹性参数再进行反演，以估计储层岩石物理性质(如孔隙度、流体性质以及流体饱和度等)，岩石物理反演需要岩石物理模型来建立弹性参数和岩石物性参数之间的一种关系(Mavko 等，2009)。

流体识别是储层预测的一个重要目的，主要分为叠后流体识别、叠前流体识别两大类，叠后流体识别主要通过频谱分析技术、时频分析技术以及吸收分析等技术，利用含流体储层高频衰减低频增加的特征、吸收特征辅助进行流体检测。叠前流体识别主要是通过提取流体因子来实现，广义上来说，只要是对流体反应敏感的参数都可以称之为流体因子，因此叠前三参数反演的纵波速度、横波速度、密度也属于流体因子的范畴，通常，流体因子可以表示为纵波阻抗、横波阻抗、密度等参数组合的形式，比如泊松比、S-G 流体因子、Fatti 流体因子、Gassmann 流体因子等，通过叠前反演可以间接计算得到流体因子，也可以基于近似公式直接反演流体因子。

在叠前反演方面，前人已经做过很多相应的研究。基于波动方程的叠前反演(Mora，1987；Shi 等，2007)，在理论上比较成熟，但由于其正演模拟过程的复杂性和计算花费大，在实际中并没有广泛应用。基于 Zoeppritz 近似方程的叠前 AVO 反演(Simmons 等，1996；Buland 等，1996；Hampson，1991；杨培杰等，2008)是目前发展最为迅速、深入，也是灵活性和效果最好的叠前反演方法。弹性波阻抗反演(Connolly，1999；Whitcombe，2002；印兴耀等，2005)简洁高效，是目前工业上应用最广泛的叠前反演方法，但是由于该方法使用的是部分叠加的角道集数据，损失了一部分的叠前 AVO 信息，因此反演结果的准确性方面不如叠前 AVO 反演。

在叠前流体识别方面，Ostrander(1982)提出了判识“亮点”型含气砂岩的技术。Ruthorford(1989)通过研究把气层的 AVO 响应分为三类，Castagna 等人(1998)则在 Ruthorford 工作的基础上进一步将 AVO 类型分为了四类。与此同时，随着 Shuey(1985)对 Zoeppritz 方程的纵波反射系数公式进行简化，提出了两项 Shuey 近似公式，随后，很多学者也提出了相应的 Zoeppritz 近似方程。Smith 和 Gidlow(1987)等提出用加权叠加方法得到纵横波速度相对变化量，并从反演结果估算流体因子和检测气层的方法。Fatti 等(1994)用权叠加的方法得到了纵波阻抗的相对变化量和横波阻抗的相对变化量。Goodway 等(1997)通过反演得到 $\lambda\rho$ 和 $\mu\rho$ 等数据体，用于描述储层的岩性和含流体性质，要比用纵波阻抗和横波阻抗更直观。Gray(2002)改进了 Goodway 方法，从叠前数据中反演出了 λ 和 μ，消去了密度的影响，可以更好地描述岩性和流体。Hilterman(2001)介绍了流体因子的概念并总结了 Goodway 和 Hedlin 等人的成果。Russell 等(2003)在前任研究的基础上，得到了流体饱和条件下的流体因子，称为 Russell 流体因子，并通过叠前反演的方法间接地获得了该流体因子。Gidlow 和 Smith(2003)根据叠前 AVO 分析，提出了流体因子角度和交会图角度的概念，利用这两种角度进行计算来得到流体因子。Mark 等(2006)提出了泊松阻抗的概念，这个概念联合了泊松比和密度属性，比单一的泊松比或密度参数能更有效地区分流体。Russell 等(2011)和 Zong 等(2012)基于孔隙弹性理论，采用不同思路建立了用孔隙流体参数(或流体因子)表示的反射系数近似方程。

宁忠华等(2006)在总结分析前人方法的基础上，提出了高灵敏度的流体因子方法。张广智等(2011)从角度道集数据出发，充分利用它们之间的差别、流体信息和骨架信息在尺度和方向上的差别，以及 Curvelet 变换的多尺度性和多方向性，提出了应用角度流体因子属性进行流体识别的方法。马龙等(2011)基于 Russell 提出的流体因子计算含气饱和度方法，进而评价疏松砂岩储层的含气性。印兴耀等(2010，2013)发展了基于孔隙流体参数的弹性阻抗方程，并在储层流体识别中得到较好的应用。宗兆云等(2012)提出了基于叠前地震纵横波模量直接反演的流体检测方法。杨培杰等(2016)在前人研究的基础上，提出了一种直接提取 Gassmann 流体因子的新方法，取得了较好的应用效果。

总之，随着地震技术的不断进步，地震反演研究的领域已从勘探阶段拓展到开发阶段，由构造解释深入到岩性划分和流体识别，而岩石物理和叠前反演在其中起着关键的作用。

第 2 章　地震岩石物理建模

地震岩石物理学(简称岩石物理学)是研究与地震特性有关的岩石物理性质以及这些物理性质与地震响应之间关系的一门科学。建立岩石物理模型(Pride 等，2004；Mavko 等，1998)的目的之一是构建储层物性、流体等参数与弹性参数之间一种定量的关系。岩石物理学基础研究及相关分析方法研究是地震反演和属性分析的基础，为进一步识别岩性和烃类奠定基础。

2.1　岩石物理基础与地球物理特征关系

地震解释的主要目的之一是确定饱和流体岩石能否产生有利的反射。为了实现这个目的，有必要估算不同饱和流体状态之间的岩石特性的差异，因而需要建立一些基本的岩石物理关系。这些关系包括岩石特性和弹性参数之间的经验公式、统计关系和理论关系。另一方面，了解地震波特性与岩石、流体性质的关系，有助于模拟地震波在复杂介质中的传播规律。这就要求对反映岩石物理学特征的地震参数与岩性和烃类的关系有深刻的理解。通过岩石物理正演，可以由储层岩石、流体参数得到储层弹性参数；反之，通过岩石物理反演，可以由储层弹性参数反演储层岩石、流体参数，如图 2-1 所示。

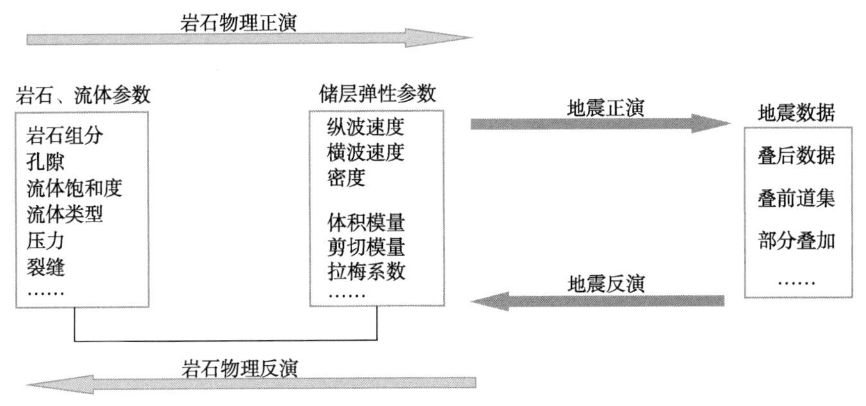

图 2-1　岩石物理正反演

表征岩石物理学特征的地震参数主要有岩石的弹性模量、纵波速度、横波速度、密度和衰减等，它们是识别岩性及油气的重要参数，也是联系储集层特征的参数，进行定量地震油藏描述的桥梁，例如，孔隙度 ϕ、含水饱和度 S_w、渗透率 K 和地层压力 p 等。岩石物理学用于烃类直接检测的主要问题是：当孔隙流体成分改变时，速度、密度和衰减是如何变化的？描述这种变化通常采用一系列的岩石物理方程。

计算多孔岩石流体饱和的地震参数，需要了解背景岩石的弹性参数之间的关系，针对不同地区，建立相应的地震参数—岩性关系量板，统计相应的地震参数—储集层特征参数的经验关系。通常采用流体替代模型，分析油层、气层、水层和泥岩的地震反射特征、AVO 属性交会图，通过叠前反演来预测油气和特殊地质体。弹性模量反映岩石应力—应变关系的特征，密度反映岩石的比重。速度则反映地震波在岩石中的传播的特征，它是弹性模量的函数。

2.1.1 弹性参数

根据均匀各向同性完全弹性介质中应力与应变之间的相互关系，可得到杨氏模量、剪切模量、体积模量、纵波模量、泊松比等一系列的弹性参数。

（1）弹性模量。

弹性模量是反映岩石在外力作用下发生的伸缩、剪切和体积变化的特征参数，是联系应力—应变关系的常量。剪切模量 μ 反映在外力作用下，岩石外形发生的剪切位移；体积模量 K 反映在外力作用下，岩石体积发生的变化，反映岩石的可压缩性；杨氏模量 E 反映在外力作用下，岩石发生的伸缩变化。如图 2-2 所示。

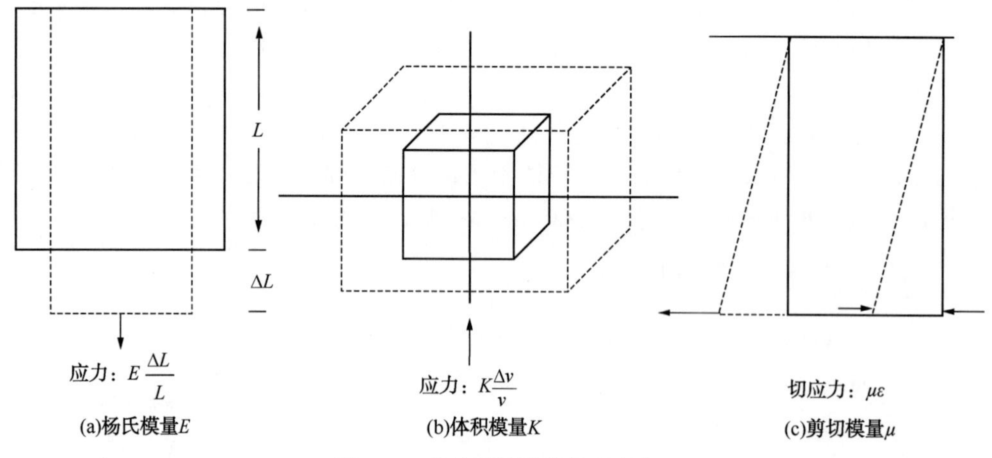

图 2-2　弹性模量及其物理意义

（2）纵波速度和横波速度。

在均匀各向同性介质中，纵波速度和横波速度可表示为：

$$\begin{cases} v_p = \sqrt{\dfrac{\lambda+2\mu}{\rho}} = \sqrt{\dfrac{K+4/3\mu}{\rho}} \\ v_s = \sqrt{\dfrac{\mu}{\rho}} \end{cases} \tag{2-1}$$

式中　v_p——纵波速度，m/s；

v_s——横波速度，m/s；

ρ——密度，g/cm^3 或 kg/m^3；

K——介质的体积模量，MPa；

μ——剪切模量，MPa；

λ——拉梅常数，MPa。

Gardner 提出了纵波速度和密度的关系式：

$$\rho = 0.31 v_{\mathrm{p}}^{0.25} \tag{2-2}$$

Castagna(1993)对式(2-2)进行了概括，形成通用公式：

$$\rho = c v_{\mathrm{p}}^{a} \tag{2-3}$$

进一步，Castagna 提出用抛物线关系来回归不同岩石的密度(或横波速度)与纵波速度之间的关系：

$$v_{\mathrm{s}} = A v_{\mathrm{p}}^{2} + B v_{\mathrm{p}} + C \tag{2-4}$$

(3) 泊松比 σ。

泊松比是反应岩性和含气性的重要参数，用岩石纵向拉伸和横向压缩的比值来表示，其物理意义如图 2-3 所示。

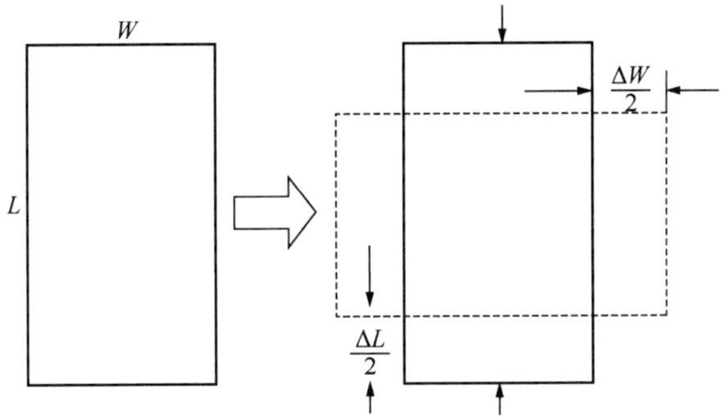

图 2-3　泊松比的物理意义

$$\sigma = \left| \frac{\Delta W/W}{\Delta L/L} \right| \tag{2-5}$$

式中　σ——泊松比；

$\Delta L/L$——物体受力方向的应变；

$\Delta W/W$——垂直于物体受力方向的应变。

泊松比与横纵波速度比有如下关系：

$$\sigma = \frac{0.5-(v_{\mathrm{s}}/v_{\mathrm{p}})^2}{1-(v_{\mathrm{s}}/v_{\mathrm{p}})^2} = \frac{0.5-\gamma^2}{1-\gamma^2} \tag{2-6}$$

其中：

$$\frac{v_{\mathrm{p}}}{v_{\mathrm{s}}} = \left(\frac{1-\sigma}{0.5-\sigma}\right)^{\frac{1}{2}}$$

可见，当 $v_{\mathrm{p}}/v_{\mathrm{s}}=\sqrt{2}$ 时，则 $\sigma=0$；当 $v_{\mathrm{p}}/v_{\mathrm{s}}=1.5$ 时，则 $\sigma=0.1$(含气砂岩情形)；当 $v_{\mathrm{p}}/v_{\mathrm{s}}=2.0$ 时，则 $\sigma=0.333$(含水砂岩情形)；当 $v_{\mathrm{p}}/v_{\mathrm{s}}=\infty$时，则 $\sigma=0.5$($v_{\mathrm{s}}=0$，液体情形)。通过测量岩石纵向拉伸和横向压缩的比值计算的泊松比通常称为静态泊松比，通过测量岩石的纵波速度和横波速度，由式(2-5)计算的泊松比通常称为动态泊松比。泊松比的物理意义如图 2-3 所示。

实验室测量表明：不同的岩石，其泊松比分布范围是不同的，在某些场合下甚至不出现重叠区间。例如，砂岩：0.17～0.26，白云岩：0.27～0.29，石灰岩：0.29～0.33。图2-4比较了不同岩性和地震参数的关系。只利用纵波速度，区分砂岩和泥岩是困难的，如图2-4(a)所示。因为砂岩和泥岩的速度出现很大的重叠区间。而综合泊松比和纵波速度，情况就不一样。砂岩和泥岩在 $v_{\mathrm{p}}-\sigma$ 坐标中基本不出现重叠区间，油气也可区分，如图2-4(b)所示。因此，在储层描述中，综合纵波和横波信息比单纯使用纵波信息更为有效。

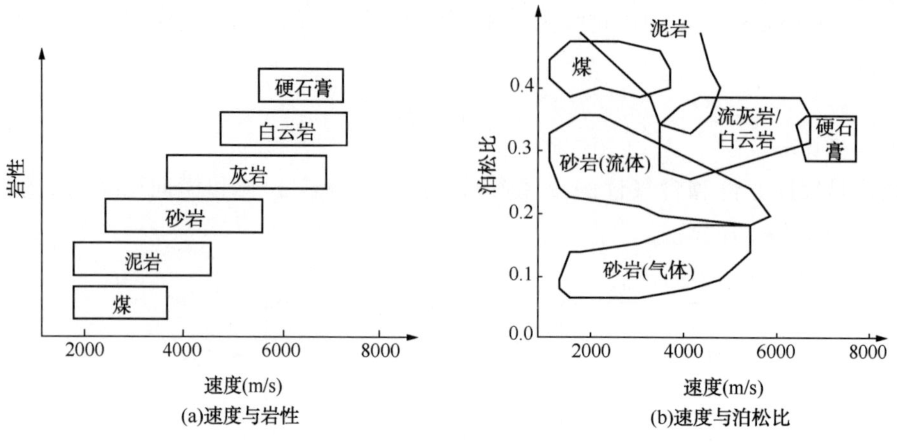

图 2-4　不同岩性和地震参数的关系

通常，含气和含水砂岩的弹性模量是不同的，特别是泊松比在含气饱和的砂岩中通常为特别低的值。与含水砂岩相比，含气砂岩的纵波速度显著减少，而横波速度几乎不变，略有上升，这就导致了含气砂岩的低泊松比现象。因此，泊松比对于区分水饱和与气饱和的岩石有特殊的意义。

2.1.2　弹性参数及其相互关系

对于各向同性完全弹性介质，只需要两个独立的弹性常数就可以描述介质的应力与应变关系，因此，这些弹性参数可以任意地进行组合并相互转换(Mavko 等，2008)。有了这些转换关系之后，就可以通过其中的一个或几个参数计算得到其他的弹性参数。

2.2　岩石物理建模

2.2.1　双相介质模型

含油气的地层实际是具有固体状态与流体状态的双相介质。双相弹性介质理论认为实际的地下介质是由固相、液相组成的，即：双相介质(饱和岩石)= 干燥岩石+孔隙流体。如图 2-5 所示。

2.2.2　岩石物理理论分类

地球物理学家们至今已提出十多种岩石物理理论。目前大家所熟知的最早的双相介质

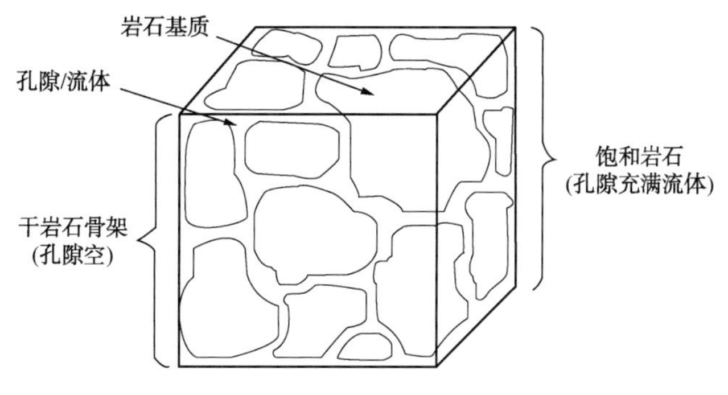

图 2-5　双相介质

模型是 Voigt 的等应变模型与 Reuss 的等应力模型，它们给出了岩石矿物混合物或矿物与流体混合物的等效弹性模量的一个大概的范围，即模量的上下界限。低频的 Biot 与 Gassmann 理论奠定了双相介质储层参数研究的基础。Gassmann 理论是 AVO(Amplitude Versus Offset)分析及流体替代的有力工具，然而该理论受到很多假设条件的限制，在实际应用中需要判断是否适用。Kuster-Toksöz 模型、自相容近似等效模量的方法、微分等效介质(DEM)模型等都被广泛用于双相介质等效模量的求取。Marion(1990)提出了边界平均的方法，通过假设一个只与矿物颗粒、孔隙几何形状有关而与流体无关的加权系数，利用它实现流体替代的过程。由于应用极为广泛的 Gassmann 方程在使用过程中需要已知干岩石骨架的模量，Krief 等人(1990)建立了干岩石骨架模量与孔隙度和 Biot 系数的关系式；Xu 和 White(1995)提出适用于含泥砂岩的理论模型，利用 Kuster-Toksöz 模型和微分等效介质理论结合来估算干岩石骨架的弹性参数，并利用 Gassmann 方程计算饱和岩石速度；Pride 和 Lee 提出固结系数来描述岩石的干岩石骨架与基质之间的关系，并将其应用于横波速度估算中；张佳佳和李宏兵等人(2010)将几种常见的岩石骨架模型进行了讨论与分析；邹荃和牛滨华等人(2011)基于临界孔隙度模型反演临界点以及纵横波速度等岩石弹性参数；Lin 和 Xiong(2011)在已知岩石纵横波速度的前提下提出了自适应基质矿物体积模量反演方法；印兴耀和吴志华等人(2012)对含流体孔隙介质岩石物理分析方法进行了深入的研究，讨论了不同岩性和不同流体饱和情况下储层物性与孔隙流体的特点，针对含流体孔隙饱和岩石构建了不同类型的岩石物理模型。

2.2.2.1　有效介质理论

严格来说，岩石是一类不均匀的物体，因为岩石内部存在着不同的矿物、孔隙和流体等。一种最简单的方法是把岩石描述为一个“等效体”或“有效介质”。有效介质模型理论在宏观上假设岩石是均匀和各向同性的，只需两个弹性常数就可确定整个介质或地层的性质。假设岩石总体的物性参数是由各成分各自的物性参数综合而成的，称为有效物性参数。有效介质理论仅考虑矿物的比例，即对矿物性质进行体积平均，推测岩石性质，亦称空间平均模型。有效介质主要从物质的成分上描述岩石的结构，如果考虑岩石中的流体，应考虑用双相介质描述。

(1) Voight-Reuss-Hill 平均方程。

Voight 模型(1910)：假定组成岩石的各种矿物沿着受力方向平行排列，通过空间体积平均法，求出多相等效体的模量；Ruess 模型(1927)：假定组成岩石的各种矿物垂直于受力方向平行排列，通过空间体积平均法，求出多相等效体的模量。

$$\begin{cases} M_{\mathrm{V}} = \sum_{i=1}^{N} f_i M_i \\ \dfrac{1}{M_{\mathrm{R}}} = \sum_{i=1}^{N} \dfrac{f_i}{M_i} \end{cases} \tag{2-7}$$

式中 f_i——岩石第 i 种组分的体积分数,%；

M_i——第 i 种介质的弹性模量，MPa；

M_{V}——岩石混合物的有效弹性模量的 Voigt 上限，MPa；

M_{R}——岩石混合物的有效弹性模量的 Reuss 下限，MPa。

一旦岩石矿物的组成部分确定了，K_{m} 和 μ_{m} 就可以由 Voigt-Reuss-Hill(VRH)平均来获得，Hill(1952)提出对上下界限求取算术平均的方法来近似岩石有效弹性模量值，如下所示：

$$\begin{cases} K_{\mathrm{m}} = \dfrac{K_{\mathrm{V}} + K_{\mathrm{R}}}{2} \\ \mu_{\mathrm{m}} = \dfrac{\mu_{\mathrm{V}} + \mu_{\mathrm{R}}}{2} \end{cases} \tag{2-8}$$

式中 K_{m}——岩石基质的体积模量，MPa；

K_{V}——岩石有效体积模量的 Voigt 上限，MPa；

K_{R}——岩石有效体积模量的 Reuss 下限，MPa；

μ_{m}——岩石基质的剪切模量，MPa；

μ_{V}——岩石有效剪切模量的 Voigt 上限，MPa；

μ_{R}——岩石有效剪切模量的 Reuss 下限，MPa。

VRH 平均是求取岩石有效弹性模量的一种非常简单的方法，在等模量计算方面得到了广泛的使用和推广。

(2) Wyllie 时间平均方程。

利用沉积骨架与纯水合物速度的复合，计算得到饱和水合物的沉积物(孔隙中充满水合物)的速度。利用饱和水合物沉积物(复合骨架)与饱和水沉积物的复合，建立含水合物沉积物的速度与饱和度关系。利用简单的时间平均方程，可计算饱和水合物沉积物的速度。

$$\frac{1}{V} = \frac{\phi}{V_{\mathrm{f}}} + \frac{1-\phi}{V_{\mathrm{m}}} \tag{2-9}$$

式中 σ——岩石孔隙度,%；

V——岩石等效体波速，m/s；

V_{m}——岩石固体骨架部分波速，m/s；

V_{f}——孔隙流体波速，m/s。

此方程最适合的是中等孔隙度的砂岩，时间平均公式在声波测井中曾经被广泛应用于计算岩层的孔隙度，但是人们很快发现此公式的不足之处，特别是这个公式过高地估计了地震波在含黏土砂岩中的速度。

(3) Raymer 时间平均方程。

Raymer(1980)提出了一个非线性经验公式用于描述孔隙度和波速的关系，即：

$$V=(1-\phi^2)V_m+\phi V_f \tag{2-10}$$

该公式可适用于更大的孔隙范围，包括高孔隙度的非固结沉积物，但是这个公式也忽略了其他参数的作用。

(4) Hashin-Shtrikman 界限。

Hashin-Shtrikman 界限是估计双相介质有效弹性模量最严格的界限，其表达式为(Hashin, et al, 1963)：

$$\begin{cases} K^{HS\pm}=K_1+\dfrac{f_2}{(K_2-K_1)^{-1}+f_1(K_1+4\mu_1/3)^{-1}} \\ \mu^{HS\pm}=\mu_1+\dfrac{f_2}{(\mu_2-\mu_1)^{-1}+2f_1(K_1+2\mu_1)/[5\mu_1(K_1+4\mu_1/3)]} \end{cases} \tag{2-11}$$

式中 K_1，μ_1——分别表示岩石矿物 1 的体积模量和剪切模量，MPa；

K_2，μ_2——分别表示岩石矿物 2 的体积模量和剪切模量，MPa；

f_1，f_2——分别表示岩石组成成分的体积分量。

当矿物 1 表示两种矿物中较硬的材料时，公式所求得的是 Hashin-Shtrikman 上限(简称为 HS 上限)；当矿物 1 表示两种矿物中较软的材料时，公式所求得的是 Hashin-Shtrikman 下限(简称为 HS 下限)。

(5) Wood 方程。

Wood(1955)方程用来计算得到混合流体体积模量：

$$K_f=\frac{1}{\dfrac{S_w}{K_w}+\dfrac{S_o}{K_o}+\dfrac{S_g}{K_g}} \tag{2-12}$$

式中 K_f——混合流体体积模量，MPa；

K_w，K_o，K_g——分别表示盐水、油、天然气的体积模量，MPa；

S_w，S_o，S_g——分别表示盐水、油、气的饱和度，%。

在通常测井条件下，往往只给出含水饱和度，而另外的含油与含气饱和度需要根据实际含油气情况进行判别。

2.2.2.2 自适应理论

自适应理论是在对波动方程作了自适应假设后导出的，如 Gassmann 方程中假设岩石是均匀各向同性的，孔隙是全部连通的，孔隙中充满无摩擦的流体，固体—流体系统是封闭的，波动时流体与固体的相对运动可以忽略不计，波动频率是低频等。

(1) Gassmann 方程。

Gassmann 方程的基本假设前提是：① 矿物模量和孔隙空间是宏观各向同性的；② 所有孔隙之间具有连通性；③ 岩石孔隙由流体填满；④ 岩石处在不排液的情况；⑤ 孔隙流

体与固体骨架之间不发生化学作用。

基于以上 5 点基本假设，Gassmann 将理想的多孔岩石介质分为 4 部分，即：饱和流体岩石、干岩石骨架、孔隙流体以及岩石基质。完整的 Gassmann 方程如下所示：

$$K_{sat}=K_{dry}+\frac{(1-K_{dry}/K_{mat})^2}{\frac{\phi}{K_f}+\frac{1-\phi}{K_{mat}}-\frac{K_{dry}}{K_{mat}^2}} \tag{2-13}$$

式中 K_{dry}——干岩石骨架的体积模量，MPa；

K_{mat}——岩石基质的体积模量，MPa；

K_f——混合流体的体积模量，MPa；

ϕ——孔隙度，%。

Gassmann 方程不仅可以用来预测饱和岩石的弹性模量，而且在流体替代中起到重要作用。现阶段常用的流体替代主要有两种方式：一种是根据饱和岩石的模量信息计算干岩石骨架模量，然后利用计算的干岩石骨架模量进一步计算饱含新流体的岩石模量参数；另一种是采用代数方法消去 Gassmann 方程中的干岩石体积模量。

（2）Kuster-Toksöz 模型。

Toksöz 和 Kuster（1974）将孔隙度和孔隙纵横比（孔隙扁率）与岩石剪切模量和体积模量联系起来，基于散射理论，导出了长波长一阶近似条件下流体饱和孔隙介质的弹性模量方程。

$$\begin{cases}(K_{KT}^{*}-K_{m})\dfrac{K_{m}+\frac{4}{3}\mu_{m}}{K_{KT}^{*}+\frac{4}{3}\mu_{m}}=\sum\limits_{i=1}^{n}x_{i}(K_{i}-K_{m})P^{mi}\\(\mu_{KT}^{*}-\mu_{m})\dfrac{\mu_{m}+\zeta_{m}}{\mu_{KT}^{*}+\zeta_{m}}=\sum\limits_{i=1}^{n}x_{i}(\mu_{i}-\mu_{m})Q^{mi}\end{cases} \tag{2-14}$$

式中 K_{KT}^{*}——有效体积模量，MPa；

μ_{KT}^{*}——有效剪切模量，MPa；

K_m——岩石基质的体积模量，MPa；

μ_m——岩石基质的剪切模量，MPa；

K_i——孔隙填充物的体积模量，MPa；

μ_i——孔隙填充物的剪切模量，MPa；

Q^{mi}，P^{mi}——与孔隙形状有关的几何因子，表示孔隙填充物对基质岩石的影响。

2.2.2.3 接触理论

接触理论假设岩石中的颗粒和孔隙按一定的分布和形态接触排列，以研究颗粒物质的有效弹性。它适用于非固结储层，用于估计孔隙度和深度对速度的影响。接触模型通常把岩石近似成孤立颗粒的聚集，岩石的弹性性质由颗粒和颗粒之间接触的形变度和强度决定。

Hertz-Mindlin（1949）理论研究接触面上、下两个弹性半球的弹性形态，并认为决定岩石硬度的关键参数是球形颗粒的弹性模量和接触面积，其中接触面积是由颗粒在压力下的变形所决定的。该模型首先估计临界孔隙度时固体岩石的体积模量和剪切模量：

$$\begin{cases} K_{HM}=\left[\dfrac{n^2(1-\phi_0)^2\mu_{mat}^2 p}{18\pi^2(1-\upsilon)^2}\right]^{\frac{1}{3}} \\ \mu_{HM}=\dfrac{5-4\upsilon}{10-5\upsilon}\left[\dfrac{3n^2(1-\phi_0)^2\mu_{mat}^2 p}{2\pi^2(1-\upsilon)^2}\right]^{\frac{1}{3}} \end{cases} \tag{2-15}$$

式中 K_{HM}，μ_{HM}——分别表示临界孔隙度时固体岩石的体积模量和剪切模量，MPa；

μ_{mat}，p——分别表示岩石基质的剪切模量和地层有效压力；

ϕ_0——临界孔隙度,%；

n，υ——分别表示配位数和泊松比。

在此基础之上，有一定孔隙度的干岩石的体积模量和剪切模量可表示为：

$$\begin{cases} K_{dry}=\left[\dfrac{\dfrac{\phi}{\phi_0}}{K_{HM}+\dfrac{4}{3}\mu_{mat}}-\dfrac{1-\dfrac{\phi}{\phi_0}}{K_{mat}+\dfrac{4}{3}\mu_{mat}}\right]^{-1}-\dfrac{4}{3}\mu_{mat} \\ \mu_{dry}=\left[\dfrac{\dfrac{\phi}{\phi_0}}{\mu_{HM}+\dfrac{1}{6}\xi\mu_{mat}}-\dfrac{1-\dfrac{\phi}{\phi_0}}{\mu_{mat}+\dfrac{1}{6}\xi\mu_{mat}}\right]^{-1}-\dfrac{1}{6}\xi\mu_{mat} \end{cases} \tag{2-16}$$

其中

$$\xi=\frac{9K_{mat}+8\mu_{mat}}{K_{mat}+2\mu_{mat}}$$

式中 μ_{dry}——干岩石的剪切模量，MPa。

2.2.2.4 各向异性理论

在某些裂隙发育的地区，物质的各向异性是普遍存在的，尤其是介质的各向异性性质是非常明显的。采用各向异性的岩石物理模型对储层进行建模，构建各向异性的岩石物理模型，可以提高岩石物理模型的适用性。

（1）Brown-Korringa 模型。

Brown-Korringa 模型给出各向异性岩石中孔隙充填流体对岩石有效弹性模量的影响，它是 Gassmann 公式的各向异性形式，即各向异性流体替代公式（Brown 等，1975）：

$$\boldsymbol{S}_{ijkl}^{(dry)}-\boldsymbol{S}_{ijkl}^{(sat)}=\frac{(\boldsymbol{S}_{ij\alpha\alpha}^{(dry)}-\boldsymbol{S}_{ij\alpha\alpha}^{0})(\boldsymbol{S}_{kl\alpha\alpha}^{(dry)}-\boldsymbol{S}_{kl\alpha\alpha}^{0})}{(\boldsymbol{S}_{\alpha\alpha\beta\beta}^{(dry)}-\boldsymbol{S}_{\alpha\alpha\beta\beta}^{0})+(\beta_{fl}-\beta_0)\phi} \tag{2-17}$$

式中 $\boldsymbol{S}_{ijkl}$——岩石的有效弹性柔性张量，是刚度矩阵的逆矩阵，上标 dry 表示岩石骨架，sat 表示饱和岩石，0 表示岩石基质；

β_{fl}，β_0——分别表示孔隙流体与岩石基质可压缩性。

（2）Eshelby-Cheng 模型。

Cheng（1978，1993）给出了横向各向同性裂隙基质的等效模量模型，它是基于 Eshelby（1957）对有椭球包含物的各向同性矿物中内部应变的静态解。Eshelby-Cheng 模型对于具有任意高宽比的裂隙都适用，但是该模型是适用于超声实验室条件的，若要在低频情况下使用，需要先求干燥空腔的等效模量，再用低频 Brown-Korringa 理论来进行干岩石的流体替换。

对于一个含有水平裂隙的岩石，裂隙中充满液体，则岩石的等效模量 C_{ij}^{eff} 可通过 Eshelby-Cheng 模型表示为：

$$c_{ij}^{\text{eff}}=c_{ij}^{0}-\phi c_{ij}^{1} \tag{2-18}$$

式中 c_{ij}^{0}——各向同性介质模量，MPa；

c_{ij}^{eff}——岩石等效模量，MPa。

岩石物理理论模型分类见表 2-1。

表 2-1 岩石物理理论模型分类

序号	理论	公式
1	有效介质理论	Voight-Reuss 模型；Hill 平均；Hashin-Shtrikman 模型；Wyllie 时间平均方程；Wood 方程；Raymer 方程
2	自适应理论	Biot-Gassmann 方程；Kuster-Toksöz 模型；Wu 模型；Korrings 模型
3	接触理论	Hertz-Mindlin 模型；Digby 模型；Walton 模型；Brandt 模型
4	各向异性理论	Brown-Korringa 模型、Eshelby-Cheng 模型、Hudson 模型、Schoenberg 线性滑动模型

2.2.3 岩石物理建模方法

目前，常用的岩石物理建模方法主要有三种：

(1) 经验公式法。通过不同学者所给出弹性参数和物性参数之间的经验关系，由物性参数计算纵横波速度、密度等参数，如 Wyllie 时间平均方程、Raymer 方程等。

(2) 统计回归法。从实际研究工区的测井数据出发，通过多项式或是神经网络等方法，拟合弹性参数和物性参数之间的统计关系，这种关系可以是线性的，也可以是非线性的。

(3) 理论公式法。主要是从理论模型出发，结合工区测井数据，针对不同的储层类型(砂泥岩、碳酸盐岩、火成岩等)，通过一系列步骤建立弹性参数和物性参数之间的岩石物理关系。

岩石物理建模方法总结见表 2-2。

表 2-2 岩石物理建模方法

方法	思路	特点
经验公式	给出弹性参数和物性参数之间的经验关系	具有一定的实用性，但是针对具体工区的适用性不够
统计回归	从测井数据出发，通过多项式或是神经网络等方法，拟合弹性参数和物性参数之间的统计关系	针对研究工区具有一定的适用性，建模过程较为简单
理论公式	从理论模型出发，根据测井数据建立弹性参数和物性参数之间的定量关系	针对研究工区具有较好的适用性，建模过程较为复杂

针对理论公式法建立岩石物理模型，一般要考虑 4 种不同的因素，即岩石组成、岩石

内部结构、流体组成以及热力学环境等，具体见表2-3。

表2-3 岩石物理建模影响因素

序号	影响流体饱和岩石速度的主要因素	
1	岩石组成	矿物成分
2	内部结构	矿物颗粒形状及胶结情况、孔隙度、裂隙等
3	流体组成	油、气、水等
4	热力学环境	包括温度、压力等

针对砂泥岩岩石物理建模，一般认为砂泥岩是各向同性的，岩石组成一般包括石英、黏土和灰岩，内部结构主要以各种孔隙为主，流体组成一般考虑为油、气、水的混合物。针对碳酸盐岩岩石物理建模，岩石组成一般包括方解石、白云石、泥质，内部结构主要以各种孔隙、溶洞以及裂缝，流体组成一般考虑为油、气、水的混合物。砂泥岩与碳酸岩石物理模型分别见表2-4和表2-5，此时可以考虑其各向异性的性质(吴志华，2012)。

表2-4 砂泥岩岩石物理模型

岩石组成	石英	黏土	灰岩
内部结构	砂岩孔隙	泥岩孔隙	灰岩孔隙
流体组成	油、气、水的混合物		

表2-5 碳酸盐岩岩石物理模型

岩石组成	方解石	白云石	泥质
内部结构	粒间孔隙	溶洞	裂缝
流体组成	油、气、水的混合物		

岩石物理建模步骤比较宽泛，不同的人会有不同的做法，不同的储层亦会有不同的流程，总体来说，主要包括5个步骤：① 计算岩石基质模量；② 计算干岩石弹性模量；③ 计算混合流体体积模量；④ 考虑各向异性因素(如存在)；⑤ 计算饱和流体岩石的弹性模量。

2.3 砂泥岩岩石物理模型——Simon模型

基于岩石物理建模的理论公式法，建立了适用于砂泥岩岩石物理模型——Simon模型。首先，对Pride模型和Lee模型(P-L模型)(Pride等，2004)进行改进，得到变形P-L模型，提出拟固结指数的概念。拟固结指数可以认为是岩石的胶结程度和孔隙的一种综合的响应。拟固结指数将干岩石模量和岩石基质模量联系起来，在没有降低P-L模型准确度的情况下简化了岩石物理模型的复杂度。其次，采用Voigt-Reuss-Hill公式计算岩石基质模量，利用Wood公式计算混合流体体积模量。最后，基于Gassmann方程建立饱和流体岩石弹性模量与干岩石模量、岩石基质模量、混合流体模量之间的关系，进而通过物性参数来计算弹性参数。

2.3.1 公式推导

Pride 等(2004)引入固结指数的概念，由岩石基质弹性模量来计算干岩石弹性模量：

$$\begin{cases} K_{\text{dry}} = \dfrac{K_{\text{mat}}(1 - \phi)}{(1 + \alpha\phi)} \\ \mu_{\text{dry}} = \dfrac{\mu_{\text{mat}}(1 - \phi)}{(1 + 1.5\alpha\phi)} \end{cases} (\alpha \geqslant 0) \tag{2-19}$$

式中 α——固结指数。

在干岩石骨架的弹性模量确定的情况下，通过求解得到固结指数 α，就可以得到干岩石骨架的弹性模量，进而通过 Gassmann 方程就可以计算饱和流体岩石的弹性模量。

Lee(2006)对式(2-19)中计算剪切模量公式做了如下修正：

$$\begin{cases} \mu_{\text{dry}} = \dfrac{\mu_{\text{mat}}(1 - \phi)}{(1 + \gamma\alpha\phi)} \\ \gamma = \dfrac{1 + 2\alpha}{1 + \alpha} \end{cases} \tag{2-20}$$

Lee 通过实际应用证明，在应用 γ 代替常数 1.5 后，会有更好的横波预测效果。将式(2-19)和式(2-20)总称为 P-L 模型。

可以看出，在 P-L 模型中，固结指数 α 处于分母的位置，这在一定程度上增加了求解 α 的复杂度。因此，对 P-L 模型进行如下的修改：

$$\begin{cases} K_{\text{dry}} = K_{\text{mat}}(1 - \phi) \cdot \eta \\ \mu_{\text{dry}} = \mu_{\text{mat}}(1 - \phi) \cdot \xi \end{cases} \tag{2-21}$$

其中：

$$\begin{cases} \eta = \dfrac{1}{(1 + \alpha\phi)} \\ \xi = \dfrac{1}{(1 + \gamma\alpha\phi)} \end{cases}$$

式(2-21)被称为变形 P-L 模型，其中的 η 和 ξ 被称为拟固结指数，$0 < [\eta, \xi] \leqslant 1$。

变形 P-L 模型用拟固结指数来代替固结指数，是对 P-L 模型的一种改进。可以看出，变形 P-L 模型虽与 P-L 模型在本质上是一样的，但是却将基质模量和干岩石骨架模量由复杂的关系变得简单，在没有降低公式准确度的同时简化了问题的复杂度，易于问题的求解。

针对不同类型的砂泥岩储层，比如疏松的河道砂、致密的砂砾岩，它们的弹性模量和拟固结指数的数值范围是不同的。严格来说，不同深度段储层的拟固结指数是变化的，就如同叠前反演中的纵横波速度比。但是为了简化反演问题的复杂性和多解性，往往假设纵横波速度比为常数，表 2-6 也给出了拟固结指数的一个平均值。

表 2-6　不同类型砂泥岩(干岩)弹性模量和拟固结指数均值

疏松砂岩（干岩）	体积模量	7 GPa	η	≈0.70
	剪切模量	5 GPa	ξ	≈0.60
致密砂岩（干岩）	体积模量	20 GPa	η	≈0.95
	剪切模量	15 GPa	ξ	≈0.90

从表中可以看出，拟固结指数用以表征岩石物理中的干岩石的胶结程度，疏松砂岩的弹性模量、拟固结系数都要小于致密砂岩。

2.3.2　拟固结指数与 Biot 系数

目前常用的岩石物理模型中，如果知道了岩石的矿物成分和孔隙流体的组成，就可以计算出岩石基质的弹性模量(体积模量 K_{mat} 和剪切模量 μ_{mat})和混合流体的体积模量(K_f)。但是干岩石的弹性模量(体积模量 K_{dry} 和剪切模量 μ_{dry})却难以获得。很多学者用 Biot 系数来表征干岩石的弹性模量和岩石基质的弹性模量之间的关系：

$$B = \left(1 - \frac{K_d}{K_m}\right) \tag{2-22}$$

式中　B——Biot 系数。

从式(2-22)可以看出，Biot 系数 B 是 K_{dry} 和 K_{mat} 的函数，由于 $0 \leqslant \frac{K_d}{K_m} < 1$，所以 $0 \leqslant B < 1$。$B=0$ 代表固结良好的岩石，$B=1$ 代表未固结的岩石和悬浮物。

通过 Biot 系数，干岩石的弹性模量用岩石基质的弹性模量表示为：

$$K_d = K_m \cdot (1 - B) \tag{2-23}$$

对比式(2-21)中的拟固结指数，可以得到下面的关系式：

$$\eta = \frac{(1 - B)}{(1 - \phi)} \tag{2-24}$$

由式(2-24)可以看出，拟固结指数和 Biot 系数之间是一种线性的关系，并且具有相同的物理意义，都可以看作是岩石胶结程度和孔隙形状的一种综合的响应。

2.3.3　基于 Simon 模型的纵波速度计算公式

根据纵波速度的计算公式，计算饱和岩石的纵波速度需要用到饱和岩石体积模量、饱和岩石剪切模量和密度信息(Russell 等，2003)。

$$V_{p\_\ calculate} = \sqrt{\frac{K_{sat} + \frac{4}{3}\mu_{sat}}{\rho_{sat}}} \tag{2-25}$$

式中　$V_{p\_\ calculate}$——计算的纵波速度，m/s；

ρ_{sat}——饱和岩石的密度，g/cm^3 或 kg/m^3。

为了简化问题的复杂度，饱和岩石的密度信息可以通过测井数据获得。

对于干岩石骨架的 K_{dry} 和 μ_{dry} 可由变形 P-L 模型获得，岩石骨架的体积模量 K_{mat} 和剪切模量μ_{mat}由 Voight-Reuss-Hill 平均方程获得，混合流体体积模量K_f可利用 Wood 公式计算得到，同时还要考虑压力和温度对K_g的影响。储层中流体的体积模量会随地层压力的增加而增大，随温度的升高而降低，对于油和水，这种影响可以忽略不计，但是对于气体来说，压力和温度会对其体积模量产生很大的影响，因此，不能忽略，Batzle 等(1992)给出了气体体积模量计算公式：

$$K_g \cong \frac{p\gamma_o}{\left(1-\frac{p_{pr}}{Z}\frac{\partial Z}{\partial p_{pr}}\right)_T} \tag{2-26}$$

式中 p——地层的实际压力；

T——地层的温度；

其他参数的具体意义请参见相应的文献(Batzle 等，1992)。

考虑到压力和温度的影响，会增加横波预测的准确度，因此是十分有必要的。

最后，基于 Gassmann 方程建立起饱和流体岩石弹性模量与干岩石模量、岩石基质模量、混合流体模量之间的关系，进而通过物性参数来计算弹性参数，Simon 模型总结如表 2-7所示。

表 2-7 Simon 模型

类 型	构 成	岩石物理模型	备 注
岩石骨架	石英+黏土+灰岩	$\begin{cases} K_{M_V}=\sum_{i=1}^{N} f_i M_i \quad \frac{1}{K_{M_R}}=\sum_{i=1}^{N}\frac{f_i}{M_i} \\ K_m=\frac{K_{M_V}+K_{M_R}}{2} \end{cases}$	Voigt-Reuss-Hill 模型
内部结构	砂岩孔隙+泥岩孔隙+灰岩孔隙	$\begin{cases} K_{dry}=\frac{K_{mat}(1-\phi)}{(1+\alpha\phi)}=K_{mat}(1-\phi)\cdot\eta \\ \mu_{dry}=\frac{\mu_{mat}(1-\phi)}{(1+\gamma\alpha\phi)}=\mu_{mat}(1-\phi)\cdot\xi \end{cases}$	变形 P-L 模型
孔隙流体	油、气、水	$\frac{1}{K_f}=\frac{s_o}{K_o}+\frac{s_g}{K_g}+\frac{1-s_o-s_g}{K_w}$	Wood 方程
流体饱和岩石	岩石骨架+内部结构+孔隙流体	$\begin{cases} K_{sat}=K_{dry}+\frac{(1-K_{dry}/K_{mat})^2}{\frac{\phi}{K_f}+\frac{1-\phi}{K_{mat}}-\frac{K_{dry}}{K_{mat}^2}} \\ \mu_{sat}=\mu_{dry} \end{cases}$	Gassmann 方程

将表 2-7 中的公式与速度公式相结合，则得到：

$$\begin{cases} v_p=\sqrt{\frac{\left\{K_{mat}(1-\phi)\cdot\eta+\frac{(1-[K_{mat}(1-\phi)\cdot\eta]/K_m)^2}{\frac{\phi}{K_f}+\frac{1-\phi}{K_{mat}}-[K_m(1-\phi)\cdot\eta]/K_{mat}^2}\right\}+\frac{4}{3}\mu_{mat}(1-\phi)\cdot\xi}{\rho_s}} \\ v_s=\sqrt{\frac{\mu_{mat}(1-\phi)\cdot\xi}{\rho_s}} \end{cases} \tag{2-27}$$

式(2-27)即为基于 Simon 模型的纵波速度计算公式。

Simon 模型中的拟固结指数用来定量表征不同类型(疏松、致密)储层颗粒间的胶结程度，或是岩石胶结程度和孔隙形状的一种综合的响应。与 Xu-White 模型中的孔隙扁率概念相比，该模型具有更广的适用范围和更好的实用性。

2.3.4 基于 Simon 模型的精细横波估计

速度是勘探地震学中最核心的问题，介质速度包括纵波速度和横波速度，横波速度是进行叠前 AVO 反演(Buland 等，2003；杨培杰等，2008)、弹性阻抗反演(Connolly，1999；王保丽等，2005)以及流体识别等(Russell 等，2003；印兴耀等，2013)非常重要的信息。然而，实际测井数据中大多缺少横波速度信息，特别是老井更是没有横波速度曲线(李维新等，2009)。以胜利油田济阳坳陷为例，截至 2016 年，济阳坳陷有偶极横波测井的探井仅 80 多口，远远无法满足精细勘探开发的需要，因此有必要开展横波速度预测方面的研究。

在没有横波信息的情况下，估计横波速度的方法现主要有两种：一是统计拟合法(Castagna 等，1985；Han 等，1986；Wang Yun 等，2011)，通过对纵波速度和横波速度进行统计分析，拟合得到横波速度—纵波速度关系式；二是理论公式法(Kuster 等，1974；Xu 等，1995)，给出横波速度和其他参数之间的一种理论关系，来进行横波速度的估计。这两种方法往往得到的是大量数据统计的结果，其只反映了一般性的规律，应用于具体区域时往往存在较大的误差。

因此，针对统计拟合法和理论公式法存在的局限性，很多学者基于岩石物理模型，进行了横波速度预测方法的综合研究(Greenberg 等，1992；Xu 等，1996；Jørstad 等，1999)。Greenberg 等假设纵横波速度间有稳健的关系，基于 Biot-Gassmann 理论预测横波速度；Xu 等使用 Kuster-Tøksoz 理论和微分等效介质理论相结合预测横波速度，并运用孔隙纵横比的概念来表征干岩石颗粒的接触关系；Jørstad 等运用有效介质理论预测横波速度，并且认为基于岩石物理的方法的横波预测的准确度要高于统计拟合法得到的横波速度。国内方面，也有很多学者(孙福利等，2008；张广智等，2012；白俊雨等，2012；吴志华，2012；熊晓军等，2012；李晓明，2012)开展了基于岩石物理模型的横波预测研究，并取得了较好的研究成果。

然而，大多数基于岩石物理的横波速度预测方法需要对孔隙形态进行假设。Brown 和 Korringa(1975)等人的实验室数据分析表明，与砂岩有关的孔隙纵横比并不是定值，且通过实际电镜观察也会发现，很难用确定的纵横比来描述孔隙的变化。这在一定程度上增加了横波预测过程复杂性和不确定性，也在一定程度上降低了结果的可靠性。同时，对于横波预测目标函数的求解问题，大多数学者选择了遗传算法或模拟退火等非线性优化算法(吴志华，2012)，其不足之处在于计算效率低，并且横波预测结果不太稳定；或是采用传统的迭代优化方法(Lee，2006；张广智等，2012)，其不足之处在于计算效率较低，算法易陷入局部最优解。以 Lee(2006)提出的 P-L 模型横波估计方法为例，该方法通过 P-L 模型来描述岩石基质弹性模量、干岩石弹性模量以及孔隙度之间的关系，增加了问题的复杂性，同时，该方法采用牛顿—拉普森迭代方法直接求解目标函数，因此在求解效率和结果的稳定性方面并不高。

针对上述问题，在前人研究的基础上(Pride，2004；Lee，2006；白俊雨等，2012)，笔者开发了基于变形 P-L 模型矩阵方程迭代的横波预测新方法。在上一节研究的基础上，借鉴地震反演的思路，通过比较实测纵波速度与通过 Simon 模型计算的理论纵波速度大小，建立起了横波预测的目标函数。将该目标函数的最优化问题转化为线性矩阵方程组迭代求解问题，经过几次迭代，得到拟固结指数，然后代入横波计算公式，从而得到了最终的横波估计结果。

2.3.4.1 目标函数的建立与求解

借鉴地震反演的思路(杨培杰，2008)，通过比较实测纵波速度与计算纵波速度大小，建立非线性的横波预测目标函数，并将目标函数的非线性最优化问题转化为迭代求解一个线性矩阵方程组的问题：

$$v_{p\_measure}^2 = v_{p\_calculate}^2 + \varepsilon \tag{2-28}$$

式中 $v_{p\_calculate}$——计算的纵波速度，m/s；

$v_{p\_measure}$——实测的纵波速度，m/s；

ε——计算和实测的纵波速度之间的误差。

对式(2-27)进行变形，并与式(2-28)相结合，经过一系列推导可以得到：

$$\boldsymbol{D}_{w\times1} = \boldsymbol{G}_{w\times2w} \cdot \boldsymbol{m}_{2w\times1} + \boldsymbol{\varepsilon}_{w\times1} \tag{2-29}$$

式中 $\boldsymbol{D}_{w\times1}$——观测数据矩阵；

$\boldsymbol{G}_{w\times2w}$——正演矩阵；

$\boldsymbol{m}_{2w\times1}$——拟固结指数矩阵；

$\boldsymbol{\varepsilon}_{w\times1}$——观测噪声。

可以看出，式(2-29)类似于一个反演的问题，其中待反演的参数为$\boldsymbol{m}_{2w\times1}$。

定义最终的目标函数为：

$$\min \| \boldsymbol{D}_{w\times1} - \boldsymbol{G}_{w\times2w} \cdot \boldsymbol{m}_{2w\times1} \|^2 \tag{2-30}$$

对式(2-30)进行处理，并对拟固结指数 m 求导，最终得到了问题求解的矩阵方程：

$$(\boldsymbol{G}'^{\mathrm{T}}_{2w\times2w} \cdot \boldsymbol{G}'_{2w\times2w}) \cdot \boldsymbol{m}_{2w\times1} = (\boldsymbol{G}'^{\mathrm{T}}_{2w\times2w} \cdot \boldsymbol{D}'_{2w\times1}) \tag{2-31}$$

通过求解该方程，在得到向量 $\boldsymbol{m}$ 后，拾取向量中的剪切模量拟固结指数 ξ［详见式(2-21)］，通过式(2-32)最终可实现横波曲线的预测。

$$v_s = \sqrt{\frac{\mu_s}{\rho_s}} = \sqrt{\frac{\mu_m(1-\phi)\cdot\xi}{\rho_s}} \tag{2-32}$$

基于 Simon 模型的矩阵方程迭代横波预测流程图如图 2-6 所示。

2.3.4.2 实际应用

以胜利油田济阳坳陷曲堤地区的 Q35 井为例，该井在馆陶组钻遇 2m 气层，深度为 1023~1025m；油层 7m，深度为 1027~1033m；水层 3m，深度为 1045~1048m，如图 2-7 所示。输入 5 条测井数据，如图 2-8 所示，以及岩石各基质参数，并输入压力和温度参数，设置迭代求解矩阵方程的次数为 4 次。

横波预测结果如图 2-9 所示，从图中可以看出，横波曲线预测结果稳定，油、气、水层的 v_p/v_s 在数值的大小关系上也和理论值是一致的。进一步用预测的横波速度进行该地区叠前流体因子直接提取方面的研究，并通过反演结果进行了该地区的流体识别，取得了较好的应用效果。

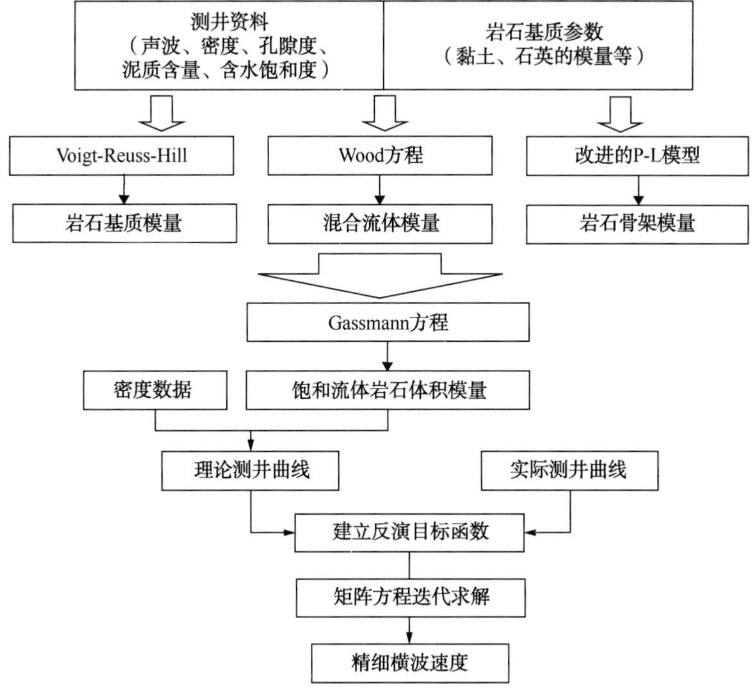

图 2-6　基于 Simon 模型的横波预测流程图

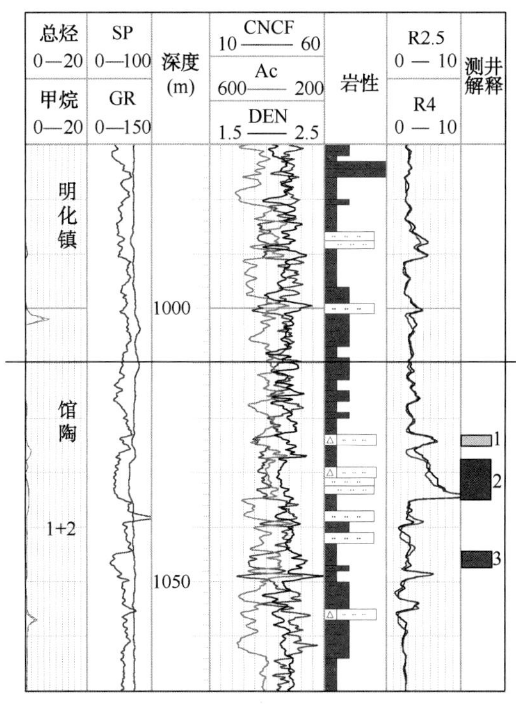

图 2-7　Q35 井综合录井图

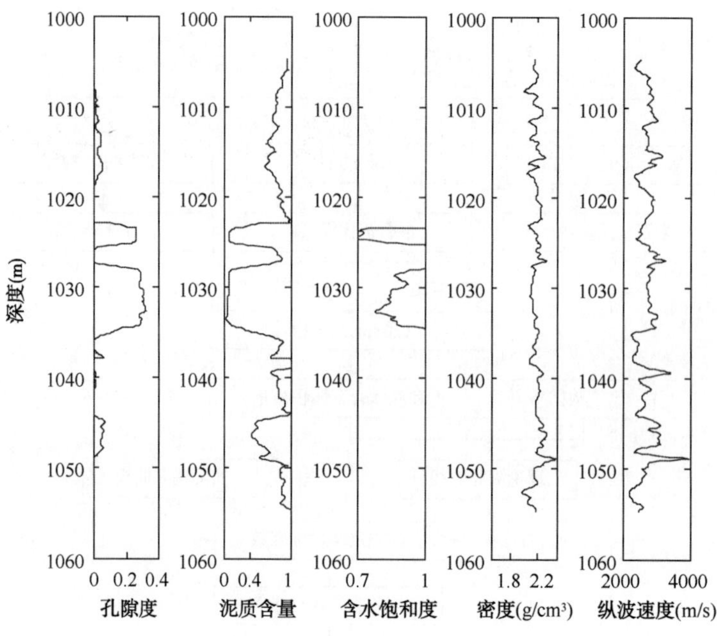

图 2-8　Q35 井横波估计输入的五条测井曲线

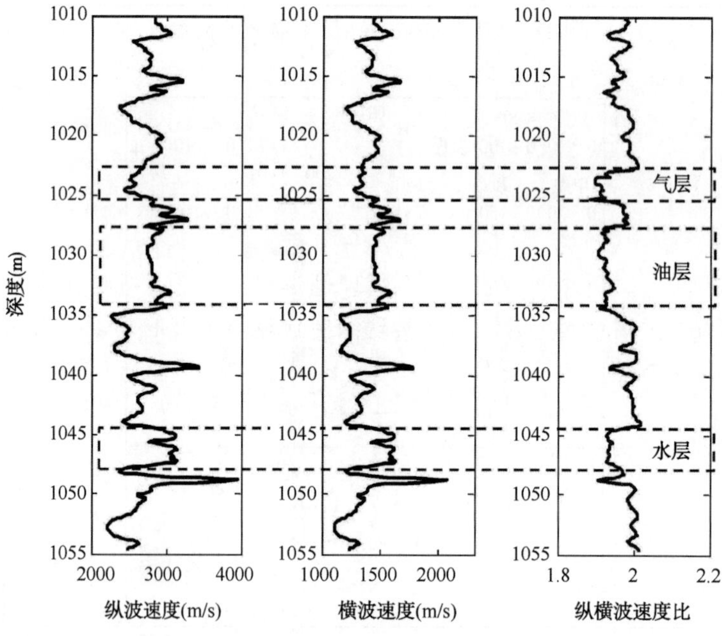

图 2-9　Q35 井横波曲线估计结果

第 3 章　流体因子敏感性定量分析

如何从叠前地震数据中直接提取最有效的流体因子一直是储层流体识别的研究热点(Smith，1987，2000)。实现流体因子直接提取有两个关键的问题，一是如何确定研究工区最敏感的流体因子，二是如何实现该敏感流体因子的准确提取。对于第一个问题，需要进行流体因子的敏感性分析，从众多的流体因子中找到针对研究区最敏感的流体因子。

流体因子(fluid factor)的概念最早是由 Smith 和 Gidlow(1987)提出的，其定义为纵波阻抗相对变化量、横波阻抗相对变化量、纵波速度和横波速度的加权叠加。随后，Fatti 等人(1994)给出了流体因子的公式。许多学者也提出了不同的流体因子类型。George(2003)提出了流体因子角和交会图角两种流体因子概念、宁忠华等人(2006)在总结分析前人方法的基础上，提出了高灵敏度流体因子的构建方法。Quakenbush 等人(2006)提出了泊松阻抗的概念。与此同时，一些学者直接利用对孔隙流体类型敏感的弹性参数作为流体因子进行储层描述。Goodway 等人(1997)提出了 LMR 技术，通过研究地下岩层的拉伸特性异常实现储层含流体类型的判识。Gray(2002)改进了 Goodway 方法，消除了密度项影响，直接以拉梅参数为流体因子进行储层含流体识别。Russell 等人(2003)在多孔弹性介质岩石物理理论的指导下，基于 Biot-Gassmann 方程推导出了可以反映孔隙流体类型的参数，并在 2006 年进一步研究了 Gassmann 流体因子。一些研究者结合实例重点研究了不同流体因子对储层孔隙流体的敏感性(Zhang 等，2009；杨培杰等，2016)。通过研究发现，对常规固结成熟的碎屑岩储层来说，Gassmann 流体因子具有最好的流体指示敏感性。

现阶段的叠前流体识别方法多是在岩石物理理论的指导下，将与孔隙流体有关的异常特性表征为流体因子，从而依托流体因子实现储层含流体类型的判识。因此，流体因子构建是储层流体识别的关键。

3.1　流体因子及其分类

地下的岩石作为一种特殊的多孔介质，实际上是由固体矿物和孔隙流体组成的多相体。孔隙中如有水、油、气等流体的存在，会对岩石的弹性性质有极其重要的影响。孔隙流体与岩石固体骨架之间相互作用会弱化或者硬化岩石的力学性质，因此孔隙流体信息可以依托介质弹性异常信息给予表征。借助岩石弹性参数构建相应的流体因子，并以此进行储层孔隙流体判识也是现阶段最为常用的储层流体识别方法。

岩石物理学基础研究及相关分析方法研究是地震反演和属性分析的基础。为进一步识别岩性和烃类奠定基础，这就要求对反映岩石物理学特征的地震参数与岩性和烃类的关系有深刻的理解，这是建立相关分析方法的物理基础。

表征岩石物理学特征的地震参数主要有岩石的弹性模量、密度、纵波速度、横波速度和衰减等。它是识别岩性及油气的重要参数，也是联系储集层特征的参数(如孔隙度 ϕ、饱和度 S、渗透率 K 和地层压力 p 等)，是进行定量地震油藏描述的桥梁。岩石物理学用于烃类直接检测的主要问题是：当孔隙流体成分改变时，速度、密度和衰减是如何变化的。描述这种变化通常采用岩石物理理论(如 Biot-Gassmann 方程等)。计算多孔岩石流体饱和的地震参数，如纵波速度、横波速度和密度，需要了解背景岩石的弹性参数之间的关系。针对不同地区，建立相应的地震参数—岩性关系量板，统计相应的地震参数—储集层特征参数的经验关系。通常采用流体替代模型，分析油层、气层、水层和泥岩的地震反射特征、AVO 属性交会图，通过检测 AVO 属性和背景模型的差异来预测油气和特殊体。

3.1.1 流体因子定义

从不同的研究角度出发，学者们提出了多种流体因子类型，通常这些流体因子都可以表示成弹性参数、纵波速度、横波速度以及密度等参数的组合形式：

$$F=f_{\mathrm{untion}}(K,\ \mu,\ v_{\mathrm{p}},\ v_{\mathrm{s}},\ \rho,\ c) \tag{3-1}$$

式中 F——流体因子；

c——调节系数。

针对不同的流体因子类型，c 计算方式与物理意义皆不相同，由上式可知，一般流体因子可以利用弹性参数、纵波速度、横波速度以及密度等参数间接计算。

随着研究的深入，流体因子这一概念已不单指某种特定的参数，学者们给予了其更为宽泛的含义：对某研究工区而言，能够对储层孔隙流体类型进行有效区分的参数都可以称为流体因子。

3.1.2 流体因子分类

(1) Smith 和 Gidlow 流体因子。

Smith 和 Gidlow(1987)通过对碎屑岩储层的研究，基于泥岩基线公式，提出了加权叠加运算求取流体因子的公式，其具体表达式为：

$$\Delta F=\frac{\Delta v_{\mathrm{p}}}{v_{\mathrm{p}}}-1.16\,\frac{v_{\mathrm{s}}}{v_{\mathrm{p}}}\cdot\frac{\Delta v_{\mathrm{s}}}{v_{\mathrm{s}}} \tag{3-2}$$

其中，常数 1.16 来自 Castagna 等人提出的含水砂岩纵横波速度的岩石物理经验公式，即泥岩基线公式：

$$v_{\mathrm{p}}=1.16v_{\mathrm{s}}+1360 \tag{3-3}$$

该类流体因子对横纵波速度比值要求很高，此类流体因子在第三类“亮点”型含气砂岩有较好的应用效果。当研究工区的纵横波速度不符合线性拟合关系时，该方法则无法取得有效的识别结果。

(2) Fatti 流体因子。

Fatti(1996)在 Smith 和 Gidlow 研究的基础上，给出了流体因子的通用公式，将其定义为纵波阻抗和横波阻抗相对变化量、纵波速度和横波速度的加权叠加：

$$\Delta F=\frac{\Delta v_{\mathrm{p}}}{v_{\mathrm{p}}}-g\,\frac{\Delta v_{\mathrm{s}}}{v_{\mathrm{s}}} \tag{3-4}$$

其中

$$g=M\frac{v_s}{v_p}$$

式中　M——弹性模量。

此类流体因子问题的关键是如何选择合适的 g 值，以便最好地将气层和泥岩/水层区分开来。

(3) 泊松阻抗。

饱含不同流体的砂岩具有不同的弹性参数。通常情况下，密度与泊松比参数对流体表征最为敏感，将这两参数进行联合便能更敏感地识别孔隙流体类型。Quakenbush 等人通过研究，利用坐标轴旋转的方法提出了泊松阻抗的概念，即通过对纵—横波阻抗交会图的坐标轴旋转构建泊松阻抗，以实现流体类型的最大限度区分：

$$P_I=I_p-eI_s \tag{3-5}$$

式中　I_p，I_s——分别表示纵波阻抗和横波阻抗，$\frac{m}{s}\cdot\frac{g}{cm^3}$；

e——旋转因子，主要依靠岩石物理统计获得。

(4) Russell 流体因子。

Russell 等人基于 Biot-Gassmann 理论对纵横波速度表达公式进行了改写，推导了可以较好表征储层孔隙流体类型的 Russell 流体因子：

$$\rho f=I_p^2-cI_s^2 \tag{3-6}$$

式中　c——干岩纵波速度和横波速度比的平方，即 $c=\gamma_{dry}^2=(v_p/v_s)_{dry}^2$。

(5) Gassmann 流体因子。

Gassmann 流体因子(Russell，2003)定义为：

$$F_g=(I_p^2-cI_s^2)/\rho \tag{3-7}$$

式中　c——干岩纵波速度和横波速度比的平方，具体推导过程见 3.2 小节。

Gassmann 流体因子可直接作为流体因子来识别储层流体类型。目前已有学者对不同流体因子的敏感性进行了定量分析(Chi 等，2006；张世鑫，2012；杨培杰等，2016)，并认为 Gassmann 流体因子对于不同流体的识别最为敏感，无论是对气、油还是水的区分度最高。

除了上述流体因子之外，弹性模量、纵波速度、横波速度、泊松比等参数也可以认为是流体因子。宁忠华、贺振华等人(2006)根据波阻抗量纲的幂次方将常规流体因子进行了分类，主要分为波阻抗量纲零次方、一次方以及二次方类，见表 3-1。

表 3-1　流体因子分类

波阻抗量纲的零次方类	$\frac{I_p}{I_s}$，$\left(\frac{I_p}{I_s}\right)^2$，$\sigma$
波阻抗量纲的一次方类	I_p，I_s，$I_p-c\cdot I_s$，I_p+cI_s
波阻抗量纲的二次方类	I_p^2，I_s^2，$I_p^2-c\cdot I_s^2$，$\lambda\rho$，$\mu\rho$

3.2 孔隙弹性理论

孔隙弹性理论主要研究当干岩石(孔隙不含流体)注入流体后，岩石弹性参数如何变化(通常假设这些岩石是均质无孔介质)。Biot(1941)发展了现代准静态低频、孔隙弹性理论，从标准的干岩应力—应变关系出发，在方程中加入了附加项来体现流体的影响。由于主要针对各向同性的介质，具有 7 个未知数的 7 个方程可以缩减为具有 4 个未知数的 4 个方程：

$$\begin{bmatrix} e_1 \\ e_2 \\ e_3 \\ \zeta \end{bmatrix} = \begin{bmatrix} s_{11}^{\text{dry}} & s_{12}^{\text{dry}} & s_{12}^{\text{dry}} & \dfrac{1}{3H} \\ s_{12}^{\text{dry}} & s_{11}^{\text{dry}} & s_{12}^{\text{dry}} & \dfrac{1}{3H} \\ s_{12}^{\text{dry}} & s_{12}^{\text{dry}} & s_{11}^{\text{dry}} & \dfrac{1}{3H} \\ \dfrac{1}{3H} & \dfrac{1}{3H} & \dfrac{1}{3H} & \dfrac{1}{R} \end{bmatrix} \begin{bmatrix} \sigma_1 \\ \sigma_2 \\ \sigma_3 \\ p_{\text{f}} \end{bmatrix} \tag{3-8}$$

式中 e_i——正应变；

σ_i——正应力，Pa；

s_{ij}——柔度；

ζ——孔隙中流体变化；

p_{f}——孔隙流体压力，Pa。

在各向同性介质中，只有两个独立的柔度项，如下所示：

$$\begin{cases} s_{11}^{\text{dry}} = \dfrac{1}{E_{\text{dry}}} = \dfrac{\lambda_{\text{dry}} + \mu_{\text{dry}}}{\mu_{\text{dry}}(\lambda_{\text{dry}} + 2\mu_{\text{dry}})} = \dfrac{1}{9K_{\text{dry}}} + \dfrac{1}{3\mu_{\text{dry}}} \\ s_{12}^{\text{dry}} = -\dfrac{\sigma_{\text{dry}}}{E_{\text{dry}}} = -\dfrac{\lambda_{\text{dry}}}{2\mu_{\text{dry}}(3\lambda_{\text{dry}} + 2\mu_{\text{dry}})} = \dfrac{1}{9K_{\text{dry}}} - \dfrac{1}{3\mu_{\text{dry}}} \end{cases} \tag{3-9}$$

式中 λ_{dry}、μ_{dry}——干岩的拉梅参数；

K_{dry}——干岩体积模量；

E_{dry}——干岩杨氏模量；

σ_{dry}——干岩泊松比。

一般来说，饱和岩石刚度更令人感兴趣，因此对式(3-8)进行如下的改写：

$$\begin{bmatrix} \sigma_1 \\ \sigma_2 \\ \sigma_3 \\ p_{\text{f}} \end{bmatrix} = \begin{bmatrix} c_{11}^{\text{sat}} & c_{12}^{\text{sat}} & c_{12}^{\text{sat}} & -\alpha M \\ c_{12}^{\text{sat}} & c_{11}^{\text{sat}} & c_{12}^{\text{sat}} & -\alpha M \\ c_{12}^{\text{sat}} & c_{12}^{\text{sat}} & c_{11}^{\text{sat}} & -\alpha M \\ -\alpha M & -\alpha M & -\alpha M & M \end{bmatrix} \begin{bmatrix} e_1 \\ e_2 \\ e_3 \\ \zeta \end{bmatrix} \tag{3-10}$$

Biot 的研究显示，饱和流体或是干岩的刚度有如下的关系：

$$c_{ij}^{\text{sat}} = c_{ij}^{\text{dry}} + \alpha^2 M \tag{3-11}$$

其中

$$\alpha=\frac{K_{dry}}{H}$$

$$\frac{1}{M}=\frac{1}{R}-\frac{\alpha}{H}$$

式中　α——Biot 系数。

式(3-11)是孔隙弹性理论的基础，由此可以得到两个重要的结论：

(1) 从饱和岩石刚度的定义可知：

$$\begin{cases} c_{11}^{dry}=\lambda_{dry}+2\mu_{dry}=K_{dry}+\frac{4}{3}\mu_{dry} \\ c_{12}^{dry}=\lambda_{dry}=K_{dry}-\frac{2}{3}\mu_{dry} \end{cases} \tag{3-12}$$

已知

$$c_{11}^{sat}-c_{12}^{sat}=c_{11}^{dry}-c_{12}^{dry} \tag{3-13}$$

因此

$$\mu_{sat}=\mu_{dry} \tag{3-14}$$

这意味着剪切模量不受流体的影响。

(2) 通过式(3-14)，令干岩和饱和流体岩石的刚度相等，给定：

$$\begin{cases} \lambda_{sat}=\lambda_{dry}+\alpha^2 M \\ K_{sat}=K_{dry}+\alpha^2 M \end{cases} \tag{3-15}$$

Gassmann(1951)通过弹性系数推导了下面的公式：

$$\begin{cases} \alpha=1-\frac{K_{dry}}{K_{mat}} \\ \frac{1}{M}=\frac{\alpha-\phi}{K_{mat}}+\frac{\phi}{K_{fl}} \end{cases} \tag{3-16}$$

从式(3-16)可以看出，α^2M 不仅受到流体的影响，同时也受到其他参数的影响，包括孔隙度、干岩和基质体积模量比、基质体积模量等。然而，经过模型数据和实际应用分析发现，流体的影响还是要占主要因素。式(3-12)至式(3-16)的优势在于，一旦知道了干岩的体积模量 K_{dry}，就可以模拟不同气砂的体积模量变化情况。

将式(3-15)代入速度计算公式，可以用拉梅参数来表示饱和流体岩石的纵波速度：

$$V_P=\sqrt{\frac{\lambda_{dry}+2\mu+\alpha^2 M}{\rho_{sat}}} \tag{3-17}$$

或是利用体积模量和剪切模量的形式来表示饱和流体岩石的纵波速度：

$$V_P=\sqrt{\frac{K_{dry}+\frac{4}{3}\mu+\alpha^2 M}{\rho_{sat}}} \tag{3-18}$$

将式(3-17)和式(3-18)简化为：

$$V_p=\sqrt{\frac{s+f}{\rho_{sat}}} \tag{3-19}$$

式中　s——干燥骨架项，$s=K_{dry}+\frac{4}{3}\mu$；

　　f——流体岩石混合项，$f=\alpha^2M$。

进一步得到：

$$\begin{cases} I_p^2=\rho(f+s) \\ I_s^2=\rho\mu \end{cases} \tag{3-20}$$

定义一个因子 c，得到一个期望结果：

$$I_p^2-cI_s^2=\rho(f+s-c\mu) \tag{3-21}$$

即需要一个 c 值，使得 $c\mu=s$，因此可以得到流体项：

$$F_g=(I_p^2-cI_s^2)/\rho \tag{3-22}$$

式中　F_g——Gassmann 流体因子。

获得 c 值的方法有多种，第一种是先计算干岩的泊松比，然后再得到 c 值(Russell 等，2003)，如下所示：

$$F_g=(I_p^2-cI_s^2)/\rho \tag{3-23}$$

通常来说，对于纯砂岩，其泊松比大约在 0.1 左右，对应的 c 值在 2.25 左右。

第二种方法是通过实验室测量。Murthy 等人(1993)测得的具有一定孔隙度的纯石英砂岩的 K_{dry}/μ 在 0.9 左右，对应的 c 值在 2.233 左右；如果 K_{dry}/μ 在 1.0 左右，则对应的 c 值在 2.333 左右。这些结论和通过经验研究得到的结果是一样的。

第三种方法是直接对岩芯进行测量来确定 c 值。在实际应用过程中通过反复试算来确定最佳 c 值，c 的取值范围依赖于目的储层。表 3-2 则给出了 c 值的一般取值范围以及相对应的泊松比和 K_{dry}/μ 数值(Russell 等，2003)。

表 3-2　c 值一般取值范围

c	σ	K_{dry}/μ
3.00	0.325	1.677
2.50	0.167	1.167
2.33	0.125	1.000
2.25	0.100	0.917
2.23	0.095	0.900
2.00	0.000	0.667
1.33	-1.00	0.000

3.3　敏感流体因子定量分析

3.3.1　流体因子敏感系数

借鉴地球物理勘探中地层反射系数的定义，提出流体因子敏感系数(Fluid Factor

Sensitive Coefficient，FFSC)的概念，用于定量地描述不同流体因子对流体的识别能力。FFSC 定义为两个不同流体的流体因子值的比的绝对值，公式如下：

$$Q_{\text{fluid}} = \left| \frac{(\text{fluid}_1 - \text{fluid}_2)}{(\text{fluid}_1 + \text{fluid}_2)} \right| \tag{3-24}$$

式中 Q_{fluid}——流体因子敏感系数；

fluid_1——含有流体 1 的砂岩(如气砂岩)的流体因子值；

fluid_2——含有流体 2 的砂岩(如含油砂岩)的流体因子值。

3.3.2 流体因子敏感系数的意义

与地层反射系数不同之处在于，地层反射系数是有正有负的。当下覆地层的波阻抗大于上覆地层的波阻抗时，反射系数为正，反之为负；而流体因子敏感系数由于取了绝对值，因此它的取值范围为 $0 \leqslant Q_{\text{fluid}} \leqslant 1$，极端情况下，当$\text{fluid}_1$ 等于 fluid_2 时，$Q_{\text{fluid}}=0$；而当 fluid_1 或 fluid_2 接近于 0 时，$Q_{\text{fluid}} \to 1$。

流体因子敏感系数越大，表明这两种流体因子的差别越大，也就是说流体因子区分这两种流体的能力越强。通过计算流体因子敏感系数，可以定量分析流体因子区分不同流体(如气—油、油—水、气—水)饱和岩石的能力。

3.3.3 敏感流体因子定量分析流程

(1) 流体替代。

步骤 1：给出一组干岩石初始速度 v_{P}，v_{S} 和密度 ρ。

步骤 2：计算弹性模量。

$$\begin{cases} K_{\text{dry}} = \rho \left[(v_{\text{P}})^2 - \dfrac{3}{4} (v_{\text{S}})^2 \right] \\ \mu_{\text{dry}} = \rho\ (v_{\text{sat}})^2 \end{cases} \tag{3-25}$$

步骤 3：应用 Gassmann 方程计算饱和岩石体积模量。

$$K_{\text{sat}} = K_{\text{dry}} + \frac{(1 - K_{\text{dry}}/K_{\text{mat}})^2}{\dfrac{\phi}{K_{\text{f}}} + \dfrac{1-\phi}{K_{\text{mat}}} - \dfrac{K_{\text{dry}}}{K_{\text{mat}}^2}} \tag{3-26}$$

步骤 4：流体不影响饱和岩石剪切模量。

$$\mu_{\text{sat}} = \mu_{\text{dry}} \tag{3-27}$$

步骤 5：饱和岩石密度。

$$\rho_{\text{sat}} = \rho_{\text{dry}} + \phi \rho_{\text{f}} \tag{3-28}$$

步骤 6：计算饱和岩石速度。

$$\begin{cases} v_{\text{P}} = \sqrt{\dfrac{K_{\text{dry}} + \dfrac{4}{3}\mu + \alpha^2 M}{\rho_{\text{sat}}}} \\ v_{\text{S}} = \sqrt{\dfrac{\mu_{\text{sat}}}{\rho_{\text{sat}}}} \end{cases} \tag{3-29}$$

（2）一维流体替代模型。

首先构造砂泥岩互层模型，如图 3-1 所示。然后基于 Gassmann 理论，分别用气、油、水对砂岩进行流体替代，并计算砂岩含气、含油和含水后的纵波速度、横波速度和密度，如图 3-2 所示。其中，气砂孔隙度 30%，含气 20%；油砂孔隙度 30%，含油 90%；水砂孔隙度 30%，含水 90%。

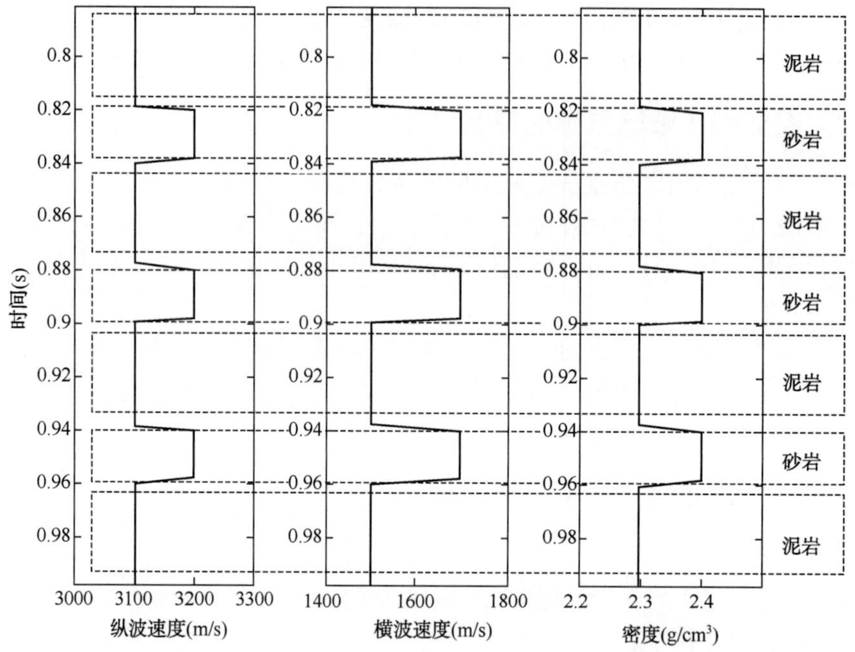

图 3-1　砂泥岩薄互层模型

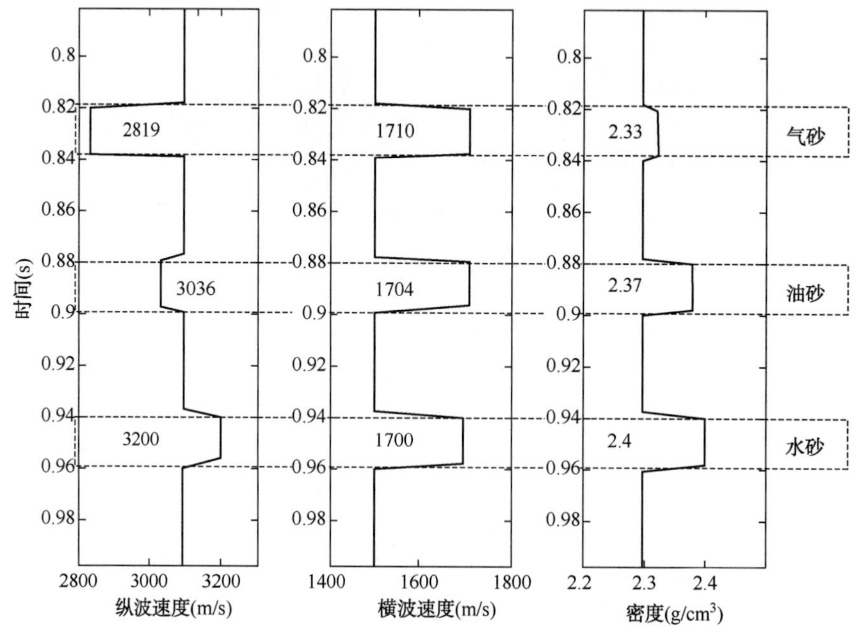

图 3-2　流体替代后砂泥岩薄互层模型

(3) 敏感性定量分析。

广义上来说，流体因子的种类非常繁多，其针对流体的识别能力亦是不同的。从众多的流体因子中选出 7 项有代表性的流体因子来进行流体因子的敏感性分析，都是比较成常用的流体因子，见表 3-3，分别是纵波阻抗、纵横波速度比、纵横波速度比的平方、泊松阻抗、Gassmann 流体项、拉伸模量、泊松比。

表 3-3　七个流体因子

序号	流体因子	公式
1	纵波阻抗	I_p
2	纵横波速度比	v_p/v_s
3	纵横波速度比的平方	v_p^2/v_s^2
4	泊松阻抗	$I_p-1.4I_s$
5	Gassmann 流体项	$(I_p^2-cI_s^2)/\rho$
6	拉伸模量	λ
7	泊松比	σ

通过式(3-24)计算这 7 个流体因子的敏感系数，见表 3-4 和图 3-3。最后通过比较这些流体因子系数来分析不同流体因子对于油气的敏感性。

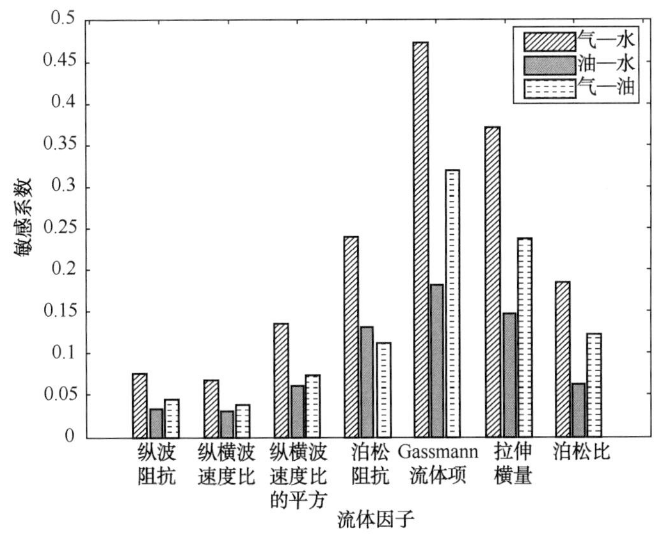

图 3-3　流体因子敏感系数柱状图

表 3-4　流体因子敏感系数

类别	纵波阻抗	纵横波速度比	纵横波速度比的平方	泊松阻抗	Gassmann 流体项	拉伸模量	泊松比
气—水	0.0769	0.0670	0.1335	0.2380	0.4725	0.3711	0.1837
油—水	0.0330	0.0303	0.0607	0.1308	0.1822	0.1487	0.0639
气—油	0.0441	0.0368	0.0734	0.1107	0.3177	0.2354	0.1212

综合上述分析认为，对于砂泥岩储层，Gassmann 流体因子对于流体的识别最为敏感，即无论是对气—水、油—水还是气—油的区分度都最高。

3.4 实例分析

下面通过实例来说明敏感流体因子定量分析与直接提取的过程和应用效果。胜利油田济阳坳陷曲堤地区(隋淑玲，2003)，工区面积约 60km^2。该区在明化镇组、馆陶组见良好油气显示，展示了良好的勘探前景。

该区内 Well A 在馆陶组钻遇 2m 气层、7m 油层各一套，依据流体因子敏感系数计算公式(3-24)，分别计算分析了气—水、油—水、气—油之间的流体因子的敏感系数，见表 3-5。

表 3-5 流体因子敏感系数

序号	流体因子	气—水	油—水	气—油
1	纵波阻抗	0.0889	0.0333	0.0558
2	纵横波速度比	0.0061	0.0026	0.0035
3	纵横波速度比平方	0.0122	0.0051	0.0070
4	泊松阻抗	0.0711	0.0258	0.0453
5	Gassmann 流体项	0.2182	0.0836	0.1371
6	拉伸模量	0.1903	0.0724	0.1196
7	泊松比	0.0098	0.0041	0.0058

根据表中数据的计算结果，绘制柱状图，如图 3-4 所示。从图中可以直观地看出，该区 Gassmann 流体因子对流体的识别最为敏感，无论是对气—水、油—水还是气—油的区分能力最高。

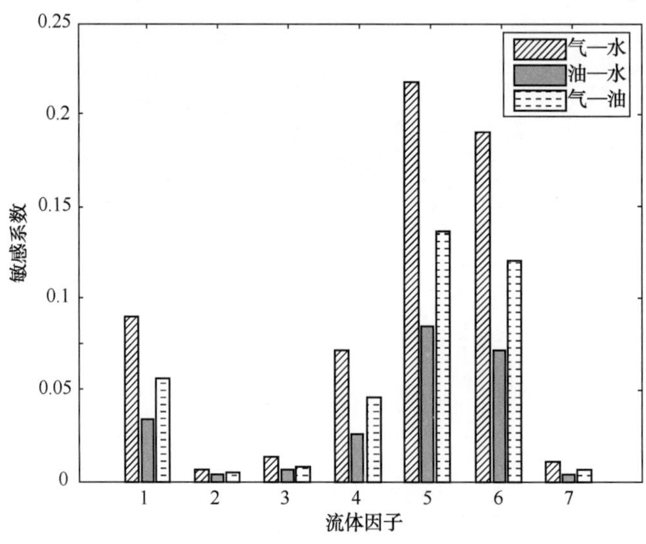

图 3-4 曲堤地区流体因子敏感系数柱状图

第 4 章　地震反演问题及其解

数学物理方程已成为人们认识自然、改造自然的一种重要数学工具，是数学科学联系实际的主要途径之一。数理方程的正问题是研究如何描述与刻画物理过程、系统状态，以及如何根据过程与状态的特定条件去求解问题，从而得到过程与状态的数学描述。若方程的定解问题中的某一个或几个原来的已知量变成为未知的，要通过方程、定解条件或附加的某些其他条件来确定这些未知量，这类问题称其为反问题(Sacchi 等，1999，2005)。对于地球物理勘探来说，它的目的在于了解地球内部的结构、物性参数。由于它的不可直接测量的原因，人们只好用能得到的某些信息去推断地下的结构和参数，因而这是一种数学中的反问题，在地球物理勘探里则称之为反演。

反演理论是从一个物理系统(或物理世界)的控制观测值来恢复这个系统有用信息的一套数学和统计技术。任何人只要用一条线去拟合一组数据，实际上就已经在应用反演理论(Tarantola，2004)。地球物理反演是在地球物理学中利用地球表面观测到的物理现象推测地球内部介质物理状态的空间变化及物性结构的一个分支。地球物理学的核心问题即如何根据地面上的观测信号推测地球内部与信号有关部位的物理状态，如物理性质、受力状态或热流密度分布等，这些问题就构成了地球物理反演的独特研究对象(沈平平等，2002)。

在实际生产中所遇到的地球物理反演问题，即利用地球物理的观测数据去反推描述地球物理模型特征，如得到 n 个测量数据 $\boldsymbol{D}=(d_1, d_2, d_3, \cdots, d_n)$，模型参数 $\boldsymbol{m}=(m_1, m_2, m_3, \cdots, m_m)$，对于给定的反演问题，模型参数与数据有各式各样的函数关系 $\boldsymbol{f}=(f_1, f_2, f_3, \cdots, f_l)$，则反演问题的一般公式为 $f(\boldsymbol{D}, \boldsymbol{m})=0$，这种泛函关系即为模型的数学公式，反演问题即为求解上述泛函问题的解。

由于大多数地球物理反演问题属于病态问题，这种病态既不是纯粹的欠定问题也不是纯粹的超定问题，它的特点是：观测数据多于未知数据，但这些观测数据又不是线性独立的，正是这种不适定性(或病态)，使得反演结果具有多解性和不稳定性。

4.1　反演问题的不适定性与非线性

4.1.1　反演问题与不适定性

反演问题的一个特别重要的属性是它通常是“不适定”的数学问题(李世雄等，1983)，因此使得它无论在进行理论分析还是在进行数值计算时都有特定的困难。

数学家 Hadamard 在 1923 年针对数学物理问题中的定解问题提出了适定性概念。如果这个定解问题是指由微分方程、初始条件及边界条件组成的一个特定数学问题，如果这个定解问题满足三个条件：(1) 解是存在的；(2) 解是唯一的；(3) 解是连续依赖于数据的。

则称这个定解问题是适定的，称之为 Hadamard 意义下的适定概念。三个条件中有一个被破坏了，则称这个定解问题是不适定的。对于解的存在性与唯一性意思是明确的，“解连续依赖于数据”是指在定解问题中出现的一切已知量，如微分方程中的参数、初始条件或边界条件等有微小的变化时，解的改变量也很小。

解连续依赖于数据这一要求，对数值计算无疑是十分重要的，否则数据的微小变换(如测量数据的误差、计算机的舍入误差等)会给解带来较大的改变，这就使得近似解无法计算。到了 20 世纪 50 年代中期，人们在解释地球物理观测数据的问题时，遇到了不适定的情况，地球物理学家、数学家肯定他们从实际地球物理问题终归结出的数学模型是正确的，但又是不适定的，但是如果对“解”再加上些限制(即加约束)，那么问题又可划归为适定问题。

大量的数学问题是属于不适定范畴的，例如傅氏级数求和、数值微分、最优控制中的某些问题、求泛函极值以及微分方程反问题等。下面给出了美国物理学家 D L Phillips 在 1962 年计算的一个不适定问题的数值解，以此说明“解不连续依赖于数据”会给计算带来什么样的“灾难”。这是一个求解第一类 Fredholm 积分方程的问题：

$$\int_{-6}^{6} K(x-y)f(x)\,\mathrm{d}x = g(y) \tag{4-1}$$

其中

$$K(x)=1+\cos\frac{\pi x}{3},\quad |x|\leqslant 6$$

$$g(y)=(6+y)\left(1-\frac{1}{2}\cos\frac{\pi y}{3}\right)-\frac{9}{2\pi}\sin\frac{\pi y}{3},\quad |y|\leqslant 6$$

为已知函数，待求量为$f(x)$，这个积分方程的精确解为如图 4-1 所画出的实线。用数值方法求解这个积分方程的近似解似乎是一件十分容易的事情，因为只要将积分进行数值离散，并对变量 y 在一系列节点上取值，就可将它划归为一个线性代数方程求解。所得到的$f(x)$的近似解为如图 4-1 的虚线，显然它的误差是不能被接受的。

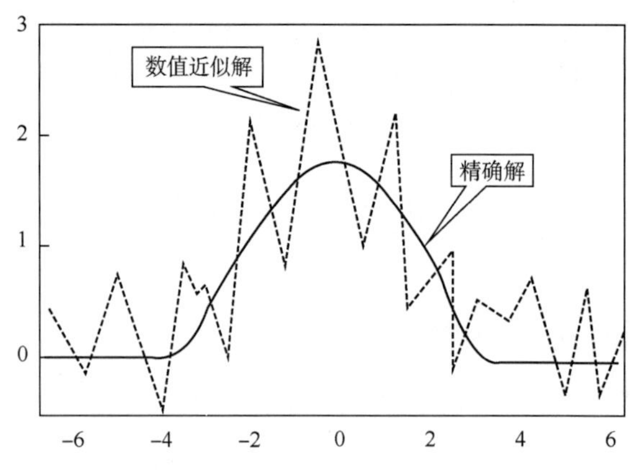

图 4-1　$f(x)$的近似解

一个自然的想法就是将数值积分离散节点加密，以提供数值积分的精度，从而期望得到较好的近似解。但是，事实却与期望相反，将节点加密，其计算结果如图 4-2 中的虚线所示，它不但没有改善反而比原来的更糟，如果继续加密节点，只能向更差的方向发展。因此这个问题是无法通过提高积分离散的精度而改善节点精度的，这正是因为这是一个不适定问题所致。

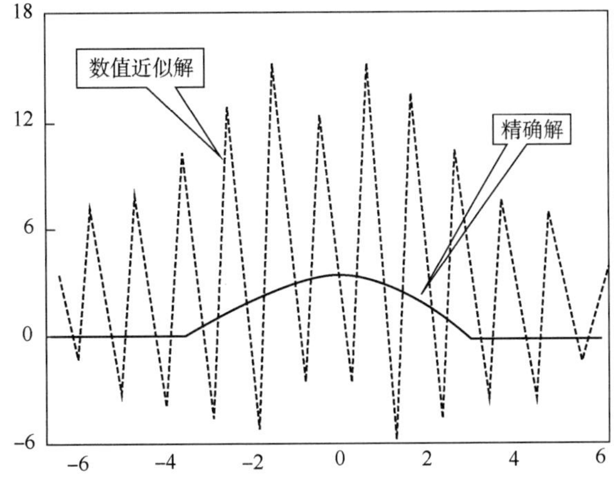

图 4-2 加密离散节点的 $f(x)$ 的近似解

现在来说明第一类 Fredholm 积分方程的解是不连续地依赖于右端项的，从而这个问题是不适定的，设积分方程为：

$$\int_a^b K(x,\ s)\ Z(s)\ \mathrm{d}s = u(x) \quad c \leqslant x \leqslant d \tag{4-2}$$

式中 $Z(s)$——待求的函数，它是区间$(a,\ b)$上的连续函数；

$K(x,\ s)$——$[c,\ d]\times(a,\ b)$上的连续函数；

$u(x)$——平方可积函数，即 $u\in L^2[a,\ b]$。

这个积分方程也可简写成算子的形式：

$$AZ = \int_a^b K(x,\ s)\ Z(s)\ \mathrm{d}s = u \tag{4-3}$$

设 Z_1 为对应于右端项 $\boldsymbol{u}_1$ 的解，则：

$$Z_2(s) = Z_1(s) + N\sin\omega s \tag{4-4}$$

变为对应于右端项：

$$u_2(x) = u_1(x) + N\int_a^b K(x,\ s)\ \sin\omega s\mathrm{d}s \tag{4-5}$$

的解，即 $A\boldsymbol{Z}_2=\boldsymbol{u}_2$。

现在来估计一下 $\boldsymbol{Z}_1$ 与 $\boldsymbol{Z}_2$ 和 $\boldsymbol{u}_1$ 与 $\boldsymbol{u}_2$ 之间的距离。

$$\| \boldsymbol{u}_1 - \boldsymbol{u}_2 \|_{L^2} = |N|\left\{\int_c^d \left[\int_a^b K(x,\ s)\ \sin\omega s\mathrm{d}s\right]^2 \mathrm{d}x\right\}^{\frac{1}{2}} \tag{4-6}$$

由数学分析中的 *Riernann* 引理，对每个 $x \in [c,\ d]$ 成立。

$$\lim_{\omega\to\infty} \int_a^b K(x,\ s)\ \sin\omega s\mathrm{d}s = 0 \tag{4-7}$$

又由许瓦茨不等式，有：

$$\left|\int_a^b K(x, s)\sin\omega s\mathrm{d}s\right|^2 \leqslant \int_a^b K^2(x, s)\,\mathrm{d}s \cdot \int_a^b \sin^2\omega s\mathrm{d}s \leqslant (b-a)\cdot\int_a^b K^2(x, s)\,\mathrm{d}s \tag{4-8}$$

由勒贝格控制收敛定理，有：

$$\lim_{\omega\to\infty}\int_c^d\left[\int_a^b K(x, s)\sin\omega s\mathrm{d}s\right]^2\mathrm{d}x = 0 \tag{4-9}$$

从而对任何固定的 N，有：

$$\lim_{\omega\to\infty}\|\boldsymbol{u}_1-\boldsymbol{u}_2\| = 0 \tag{4-10}$$

另一方面，对充分大的 ω：

$$\max_{s\in[a, b]}|\sin\omega s| = 1 \tag{4-11}$$

故：

$$\|\mathbf{Z}_1-\mathbf{Z}_2\| = \max_{s\in[a, b]}|N\sin\omega s| = |N| \tag{4-12}$$

这说明对任给的小量 $\varepsilon>0$ 及任意大的 N，总可选去充分大的 ω，使得：

$$\begin{gathered}\|\boldsymbol{u}_1-\boldsymbol{u}_2\|<\varepsilon\\ \|\mathbf{Z}_1-\mathbf{Z}_2\|=N\end{gathered} \tag{4-13}$$

这说明，右端项的变化虽然很小，但是解的变化却可以任意地大，从而这个问题是在Hadamard 意义下是不适定的。

4.1.2 线性与非线性

先考虑一个平面曲线 $f(x)=0$ 的求根问题。当 $f(x)$ 为线性函数时，可以"一次"将方程根求得。但当 $f(x)$ 为非线性函数时，一般的情况下，人们就很难得到它的精确解，这时必须采用一种特殊的迭代技术来得到它的近似解。牛顿迭代方法是最常用到的求解函数方程的方法，它的求解思想是将曲线用一系列的直线来近似，因为直线的问题较易解决，这就是所谓的"一系列的线性化"的过程。求解由初始猜测 x_0 开始，在点$\{x_0, f(x_0)\}$处用切线代替曲线，得到改进了的近似解 x_1，按照这个程序一步步地做下去便可得到近似解序列$\{x_n\}$，可以证明在一定的条件下，当 $n\to\infty$时，$x_n\to x^*$，其中x^*为问题的精确解，求解过程如图 3-3所示。

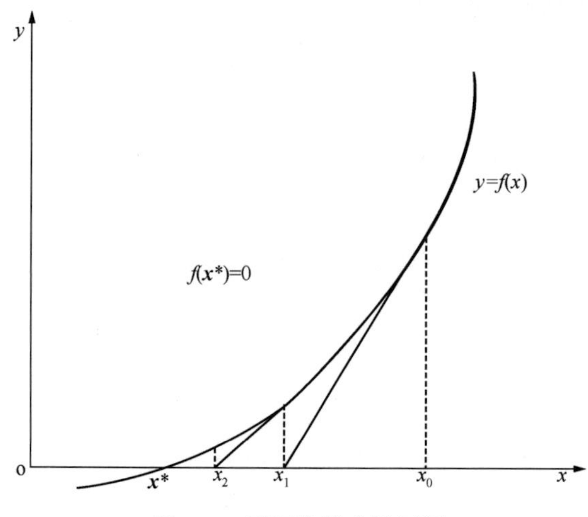

图 4-3　平面曲线求根问题

对任意的一个数学问题，都可以仿效曲线求根的思想，将它们划分为线性与非线性问题。下面给出一个算子是线性的定义：

设算子 $\boldsymbol{T}(f)$ 满足：

$$\boldsymbol{T}(\lambda_1 f_1+\lambda_2 f_2)=\lambda_1\boldsymbol{T}(f_1)+\lambda_2\boldsymbol{T}(f_2) \tag{4-14}$$

则称 $\boldsymbol{T}(f)$ 为线性算子，否则为非线性算子。式中 λ_1，λ_2 为两个任意常数；f_1，f_2 为算子定义域中的两个任意函数。

对于一般的反演问题，它常属于非线性问题的范畴。因为非线性问题在数学理论和数值计算中所特有的困难，这就使得其为反演问题除掉不适定性之外必须克服的又一个困难。

4.2 不适定问题的求解方法

考虑下面的离散方程：

$$y_i=h(x)_i+n_i,\quad i=1,\ 2,\ \cdots,\ m \tag{4-15}$$

或写成总的形式：

$$\boldsymbol{Y}=\boldsymbol{HX}+\boldsymbol{N}$$

式中 $\boldsymbol{H}$——算子，一般是已知的；

$\boldsymbol{Y}$——数据，也是已知量；

$\boldsymbol{X}$——带求量。

对于一个适定的且无噪声的数学问题求解相对是容易的，即：

$$\boldsymbol{X}=\boldsymbol{H}^{-1}\boldsymbol{Y} \tag{4-16}$$

因为这对逆算子$\boldsymbol{H}^{-1}$是一个连续算子，数据 $\boldsymbol{Y}$ 上的微小误差不会引起解 $\boldsymbol{X}$ 的很大变化。如果用$\boldsymbol{Y}_{\mathrm{T}}$ 和$\boldsymbol{X}_{\mathrm{T}}$ 表示精确的数据和精确的解，用$\boldsymbol{Y}_\delta$ 和$\boldsymbol{X}_\delta$ 表示近似的数据和近似解，显然可以同$\boldsymbol{X}_\delta=\boldsymbol{H}^{-1}\boldsymbol{Y}_\delta$ 作为$\boldsymbol{H}^{-1}\boldsymbol{Y}_{\mathrm{T}}$ 的近似。这是因为逆算子$\boldsymbol{H}^{-1}$具有良好的性质，它在整个空间上有定义，单值且连续。但是对于不适定问题是否可以这么做呢？回答是否定的。

（1）当适定性条件中的第一条（解存在）被破坏时，$\boldsymbol{H}^{-1}\boldsymbol{Y}_\delta$ 可能不存在；

（2）当第二条（解唯一）被破坏时，不知道应当取集合$\{\boldsymbol{X};\ \boldsymbol{X}\in\boldsymbol{F},\ \boldsymbol{HX}=\boldsymbol{Y}\}$中的哪一个元素作为问题的解；

（3）当第三条（解连续地依赖数据）被破坏时，即使对于充分接近的$\boldsymbol{Y}_{\mathrm{T}}$，$\boldsymbol{Y}_\delta$，也不能保证$\boldsymbol{X}_{\mathrm{T}}$，$\boldsymbol{X}_\delta$ 充分接近。

综上所述，求解不适定的问题［公式（4-15）］，不能再利用公式（3-16）来确定近似解了，因此对不适定性问题应当重新给出“近似解”的概念，并且构造求解的稳定的方法。

4.2.1 正则化方法

正则化方法的思想是设法构造一个连续算子（正则算子）去逼近不连续算子 H^{-1}，将不适定的问题化为一个近似的适定问题，从而得到原问题的近似解（Mohammad，1996）。

4.2.1.1 欠定问题的正则化解

现在假设系统是欠定的，即问题有多解，那么获得唯一解的方法是定义一个准则

$C(\boldsymbol{x},\ \boldsymbol{m})$，然后通过下面的公式得到问题的解：

$$\hat{\boldsymbol{x}}=\operatorname{argmin}\{C(\boldsymbol{x},\ \boldsymbol{m})\}\quad s.t.\quad \boldsymbol{y}=h(\boldsymbol{x}) \tag{4-17}$$

式中　$\boldsymbol{m}$——先验解。

对于线性问题，这种带有约束的最优化问题可以通过 Lagrangian 方法来求解，定义 Lagrangian公式：

$$L(\boldsymbol{x},\ \lambda)=C(\boldsymbol{x},\ \boldsymbol{m})+\lambda^{\mathrm{T}}(\boldsymbol{y}-\boldsymbol{Hx}) \tag{4-18}$$

对式(4-18)求偏导数：

$$\begin{gathered}\nabla_{\boldsymbol{x}}L(\boldsymbol{x},\ \lambda)=\nabla_{\boldsymbol{x}}C(\boldsymbol{x},\ \boldsymbol{m})-\boldsymbol{H}^{\mathrm{T}}\lambda\\ \nabla_{\lambda}L(\boldsymbol{x},\ \lambda)=\boldsymbol{y}-\boldsymbol{Hx}\end{gathered} \tag{4-19}$$

式中　λ^{T}——拉格朗日系数矩阵的转置；

$\boldsymbol{H}^{\mathrm{T}}$——正演算子 H 的转置矩阵。

定义 $\Re(\boldsymbol{s},\ \boldsymbol{m})=\sup_{\boldsymbol{x}}\{\boldsymbol{x}^{\mathrm{T}}\boldsymbol{s}-\boldsymbol{C}(\boldsymbol{x},\ \boldsymbol{m})\}$，则求解 $\hat{\boldsymbol{x}}$ 变为下面的问题：

（1）确定 $\Re(\boldsymbol{s},\ \boldsymbol{m})=\sup_{\boldsymbol{x}}\{\boldsymbol{x}^{\mathrm{T}}\boldsymbol{s}-\boldsymbol{C}(\boldsymbol{x},\ \boldsymbol{m})\}$；

（2）求解 $\hat{\lambda}=\arg\min_{\lambda}\{\boldsymbol{D}(\lambda)=\lambda^{\mathrm{T}}\boldsymbol{y}-\Re(\boldsymbol{H}^{\mathrm{T}}\lambda,\ \boldsymbol{m})\}$；

（3）得 $\hat{\boldsymbol{x}}=\nabla_{\mathbf{s}}\Re(\boldsymbol{H}^{\mathrm{T}}\hat{\lambda})$。

例如，如果 $C(\boldsymbol{x},\ \boldsymbol{m})=\frac{1}{2}\|\boldsymbol{x}-\boldsymbol{m}\|$，则：

$$\begin{cases}\Re(\boldsymbol{s},\ \boldsymbol{m})=\boldsymbol{m}^{\mathrm{T}}\boldsymbol{s}+\frac{1}{2}\|\boldsymbol{s}\|^{2}\\ \nabla_{s}\Re=\boldsymbol{m}+\boldsymbol{s}\\ \boldsymbol{D}(\lambda)=\lambda\boldsymbol{y}-\boldsymbol{m}^{\mathrm{T}}\boldsymbol{H}^{\mathrm{T}}\lambda+\frac{1}{2}\|\boldsymbol{H}^{\mathrm{T}}\lambda\|^{2}\end{cases} \tag{4-20}$$

问题的解为：

$$\hat{\boldsymbol{x}}=\boldsymbol{m}+\boldsymbol{H}^{\mathrm{T}}(\boldsymbol{H}\boldsymbol{H}^{\mathrm{T}})^{-1}(\boldsymbol{y}-\boldsymbol{Hm}) \tag{4-21}$$

当 $\boldsymbol{m}$ 等于零时，$\hat{\boldsymbol{x}}=\boldsymbol{H}^{\mathrm{T}}(\boldsymbol{H}\boldsymbol{H}^{\mathrm{T}})^{-1}\boldsymbol{y}$，这就是经典的最小模广义解。

第二个例子是经典的最大熵方法。此时 $C(\boldsymbol{x},\ \boldsymbol{m})=KL(\boldsymbol{x},\ \boldsymbol{m})$，其中 $KL(\boldsymbol{x},\ \boldsymbol{m})$定义为解 $\boldsymbol{x}$ 与先验解 $\boldsymbol{m}$ 之间的 KL 距离或互熵：

$$KL(\boldsymbol{x},\ \boldsymbol{m})=\sum_{j}x_{j}\ln\frac{x_{j}}{m_{j}}-(x_{j}-m_{j}) \tag{4-22}$$

直接给出解为：

$$\begin{gathered}\hat{\boldsymbol{x}}_{j}=m_{j}\exp[-[\boldsymbol{H}^{\mathrm{T}}\lambda]]\\ \lambda=\underset{\lambda}{\operatorname{argmin}}\{\boldsymbol{D}(\lambda)=\lambda^{\mathrm{T}}\boldsymbol{y}-\Re(\boldsymbol{H}^{\mathrm{T}}\lambda,\ \boldsymbol{m})\}\\ \Re(\boldsymbol{s},\ \boldsymbol{m})=\sum_{j}m_{j}(1-\exp(-s_{j}))\end{gathered} \tag{4-23}$$

方程中的 $\boldsymbol{D}(\lambda)$不是 λ 的二次型函数，因此没有解析形式的解，这时可以通过数值方法求解。

4.2.1.2 超定问题的正则化解

当方程 $\boldsymbol{y}=h(\boldsymbol{x})$ 为超定的问题时，即问题没有精确的解，则可以通过优化下式得到问题的解：

$$\hat{\boldsymbol{x}}=\underset{\boldsymbol{x}}{\operatorname{argmin}}\{C(\boldsymbol{y},\ h(x))\} \tag{4-24}$$

其中，$C(\boldsymbol{y},\ h(\boldsymbol{x}))$是数据空间的度量公式。当 $C(\boldsymbol{y},\ h(\boldsymbol{x}))=\|\boldsymbol{y}-h(\boldsymbol{x})\|^2$ 时就是经典的最小平方准则。

对于线性的问题，最小二乘解(Least Square)为：

$$\boldsymbol{H}^{\mathrm{T}}\boldsymbol{H}\hat{\boldsymbol{x}}=\boldsymbol{H}^{\mathrm{T}}\boldsymbol{y} \tag{4-25}$$

如果$\boldsymbol{H}^{\mathrm{T}}\boldsymbol{H}$ 是可逆的以及良态的，则问题的唯一解为：

$$\hat{\boldsymbol{x}}=(\boldsymbol{H}^{\mathrm{T}}\boldsymbol{H})^{-1}\boldsymbol{H}^{\mathrm{T}}\boldsymbol{y} \tag{4-26}$$

到是$\boldsymbol{H}^{\mathrm{T}}\boldsymbol{H}$ 往往是不可逆的，这是可以得到下面的约束最小二乘解：

$$\hat{\boldsymbol{x}}=\underset{x\in\boldsymbol{\Omega}}{\operatorname{argmin}}\{C(\boldsymbol{y},\ h(\boldsymbol{x}))\} \tag{4-27}$$

式中 $\boldsymbol{\Omega}$——凸子集。

例如正的约束：

$$\boldsymbol{\Omega}=\{\boldsymbol{x}:\ \forall j,\ x_j>0\}$$

另一个更常见的约束为：

$$\boldsymbol{\Omega}=\{\boldsymbol{x}:\ \|\boldsymbol{x}\|<\alpha\}$$

则问题的解可以通过下面的最优化得到：

$$\min J(\boldsymbol{x})=\|\boldsymbol{y}-\boldsymbol{H}\boldsymbol{x}\|^2+\lambda\|\boldsymbol{x}\| \tag{4-28}$$

这种正则化的目标函数通常在假设噪声和 $\boldsymbol{x}$ 为高斯分布情况下才适用，在很多情况下，如假设 $\boldsymbol{x}$ 为稀疏序列或指数分布时，并不适用。更一般的正则化目标函数采用如下的形式：

$$\min J(\boldsymbol{x})=\|\boldsymbol{y}-\boldsymbol{H}\boldsymbol{x}\|^2+\lambda\phi(\boldsymbol{x}) \tag{4-29}$$

更一般化的目标函数形式为：

$$\min J(\boldsymbol{x})=\Delta(\boldsymbol{y}-\boldsymbol{H}\boldsymbol{x})+\lambda\Delta_2(\boldsymbol{x},\ \boldsymbol{m}) \tag{4-30}$$

式中 Δ_1，Δ_2——分别是距离和差异性的度量；

λ——正则化系数；

$\boldsymbol{m}$——先验解。

现在有两个问题：(1) 如何选择 Δ_1 和 Δ_2；(2) 如何决定 λ 和 $\boldsymbol{m}$。

对于第一个问题主要有以下的选择：

(1) L_1 模：$\Delta(\boldsymbol{x},\ z)=|\boldsymbol{x}-z|=\sum_j|x_j-z_j|$；

(2) L_2 模或二次型：$\Delta(\boldsymbol{x},\ z)=\|\boldsymbol{x}-\boldsymbol{z}\|^2=\sum_j\|x_j-z_j\|^2$；

(3) L_p 模：$\Delta(\boldsymbol{x},\ z)=\|\boldsymbol{x}-z\|^p=\sum_j\|x_j-z_j\|^p$；

(4) Kullback 距离：$\Delta(\boldsymbol{x},\ z)=\sum_j x_j\ln(\frac{x_j}{z_j})-(x_j-z_j)$。

对于 λ 的取值问题是一个难点，目前有一些方法可以指导如何选取 λ，最常用的办法是尝试取不同的值，然后通过求解的结果来决定最佳的取值。

如果 Δ_1 和 Δ_2 都是二次型的：

$$\min J(\boldsymbol{x})=\|\boldsymbol{y}-\boldsymbol{Hx}\|_W^2+\lambda\|\boldsymbol{x}-\boldsymbol{m}\|_Q^2 \tag{4-31}$$

则问题的解为：

$$\hat{\boldsymbol{x}}=(\boldsymbol{H}^{\mathrm{T}}\boldsymbol{WH}+\lambda\boldsymbol{Q})^{-1}(\boldsymbol{H}^{\mathrm{T}}\boldsymbol{Wy}-\boldsymbol{Qm}) \tag{4-32}$$

式中　$\boldsymbol{W}$——加权矩阵。

可以看出，该解实际上就是阻尼加权最小二乘解，当 $m=0$、$\boldsymbol{Q}=\boldsymbol{I}$、$\boldsymbol{W}=\boldsymbol{I}$ 时：

$$\hat{\boldsymbol{x}}=(\boldsymbol{H}^{\mathrm{T}}\boldsymbol{H}+\lambda)^{-1}(\boldsymbol{H}^{\mathrm{T}}\boldsymbol{y}) \tag{4-33}$$

就变成了阻尼最小二乘解。当 $\lambda=0$ 时：

$$\hat{\boldsymbol{x}}=(\boldsymbol{H}^{\mathrm{T}}\boldsymbol{H})^{-1}\boldsymbol{H}^{\mathrm{T}}\boldsymbol{y} \tag{4-34}$$

即为最小二乘解。

4.2.2　概率化方法

对于一般的反演问题，用上面的正则化方法往往就可以得到较好的结果，但是，在数据信噪比较低，或是模型不够精确的情况下，这些方法往往很难得到满意的效果。下面将要介绍几种更好的基于概率论的方法。

4.2.2.1　概率分布匹配法

概率分布匹配法(Probability Distribution Matching)的主要思想通过最小化数据的频率分布 ρ 与数据理论分布 $p_{Y|X}(z|\boldsymbol{x})$ 之间的距离 $\Delta(\rho,\boldsymbol{p})$ 来确定未知的参数。频率分布 ρ 定义如下：

$$\rho(z)=\frac{1}{N}\sum_i\delta(z_i-y_i) \tag{4-35}$$

当用 Kullback-Leibler 来描述 $\Delta(\rho,\boldsymbol{p})$，即它们之间的不相似度，则：

$$\mathrm{KL}(\rho,\boldsymbol{p})\overset{\Delta}{=}\int\rho(z)\ln\frac{\rho(z)}{p_{Y|X}(z|\boldsymbol{x})}\mathrm{d}z=-\int\rho(z)\ln p_{Y|X}(z|\boldsymbol{x})\mathrm{d}z+\int\rho(z)\ln\rho(z)\mathrm{d}z \tag{4-36}$$

因此就可以得到参数的解：

$$\hat{\boldsymbol{x}}=\underset{\boldsymbol{x}}{\operatorname{argmin}}\{KL(\rho,\boldsymbol{p})\}\propto\underset{\boldsymbol{x}}{\operatorname{argmin}}\left\{-\int\rho(z)\ln p_{Y|X}(z|\boldsymbol{x})\mathrm{d}z\right\} \tag{4-37}$$

4.2.2.2　最大似然解

在上面的概率分布匹配解中，对于 i. i. d. 数据，则问题就等同于最大似然解(Maximum Likelihood)，写成下面的形式：

$$\hat{\boldsymbol{x}}=\underset{\boldsymbol{x}}{\operatorname{argmin}}\left\{-\int\ln p_{Y|X}(\boldsymbol{y}|\boldsymbol{x})\mathrm{d}z\right\}\propto\underset{\boldsymbol{x}}{\operatorname{argmax}}\{p(\boldsymbol{y}|\boldsymbol{x})\} \tag{4-38}$$

其中，$p(\boldsymbol{y}|\boldsymbol{x})$ 就是指似然函数。

还有一点需要说明，当模型为线性的并且似然函数服从高斯分布的情况下，最大似然解与最小二乘解是相等的，也就是说最小二乘解可以看作是最大似然解的一个特例。

现在可以看出，以上提到的两种方法仅仅考虑了数据中存在的不确定问题，而并没有考虑待求解的参数的先验信息，下一小节介绍的基于信息理论的方法则正好与之相反，即它们是从参数的信息出发来得到问题的解。

4.2.2.3 贝叶斯推理

贝叶斯法(Bayesian)的基本思想是首先得到关于噪声 $\boldsymbol{\varepsilon}$ 和待求参数 $\boldsymbol{x}$ 的先验分布 $p(\boldsymbol{\varepsilon})$ 和 $p(\boldsymbol{x})$，其次用正演模型和 $p(\boldsymbol{\varepsilon})$ 得到似然函数 $p(\boldsymbol{y} \mid \boldsymbol{x})$，再通过贝叶斯公式得到参数的后验分布 $p(\boldsymbol{x} \mid \boldsymbol{y})$，最后再通过 $p(\boldsymbol{x} \mid \boldsymbol{y})$ 得到关于参数 $\boldsymbol{x}$ 的信息。关于贝叶斯参数估计方法的更详细介绍请见第 4.3 节。

4.2.3 基于信息理论的方法

4.2.3.1 信息理论的基础知识

信息论最初是针对通信理论中的两个基本问题而提出来的，即“数据压缩的上限是多少”“信息传输的上限是多少”，并且通过引入熵和互信息来寻求答案。下面通过介绍信息论中的一些常用的术语来说明信号的信息含量如何度量，信号之间相似程度以及相互独立的程度又如何度量等问题。

(1) 熵的基本定义。

熵(entropy)是信号中所含有的平均信息量，概率密度为 $p(\boldsymbol{x})$ 的连续信号 $\boldsymbol{x}$ 的熵定义如下：

$$H(\boldsymbol{x}) = -\int p(\boldsymbol{x}) \cdot \log_2 p(\boldsymbol{x}) \mathrm{d}\boldsymbol{x} \tag{4-39}$$

离散信号的熵定义如下：

$$H = -\sum_{i=1}^{N} p(x_i) \cdot \lg_2 p(x_i) \tag{4-40}$$

(2) Kullback-Leibler 散度。

Kullback-Leibler 散度也叫 KL 熵，它是两个概率密度间相似程度的度量，设 $p(\boldsymbol{y})$，$q(\boldsymbol{y})$ 是两种概率密度函数，则两者之间的 KL 散度为：

$$\mathrm{KL}[p(\boldsymbol{y}),\ q(\boldsymbol{y})] = \int p(\boldsymbol{y}) \lg_2 \left[\frac{p(\boldsymbol{y})}{q(\boldsymbol{y})}\right] \mathrm{d}\boldsymbol{y} \tag{4-41}$$

KL 散度的主要特点是：它的值必定大于等于 0，当且仅当 $p(\boldsymbol{y}) = q(\boldsymbol{y})$ 时其值为零。

(3) 互信息。

令 $p(y)$ 为多变量 $\boldsymbol{y} = \{y_1,\ y_2,\ \cdots,\ y_N\}$ 的联合 PDF，$p(y_i)$ 是其各分量的边际 PDF。当各个分量相互独立时：

$$p(y) = \sum_{i=1}^{\mathrm{N}} p(y_i)$$

一般情况下两者不相等，取它们的 KL 散度：

$$\mathrm{KL}\left[p(\boldsymbol{y}),\ \prod_{\mathrm{i}=1}^{\mathrm{N}} p(y_i)\right] = \int p(\boldsymbol{y}) \lg \left[\frac{p(\boldsymbol{y})}{\prod_{\mathrm{i}=1}^{\mathrm{N}} p(y_i)}\right] \mathrm{d}\boldsymbol{y} \tag{4-42}$$

称为互信息(Mutual Information)，用 $I\left[p(\boldsymbol{y}),\ \prod_{i=1}^{N} p(y_i)\right]$ 或 $I[\boldsymbol{y}]$ 表示。互信息有以下的一些重要性质：

① 由于 *KL* 散度大于等于 0，可见 $I[\boldsymbol{y}] \geqslant 0$，当且仅当 $\boldsymbol{y}$ 中各分量独立时，$I[\boldsymbol{y}] = 0$。

② 互信息和信息熵之间的关系：$I[\boldsymbol{y}]=\sum_{i=1}^{N}H(x_i)-H(\boldsymbol{x})$ 。

③ 互信息和条件熵之间的关系：$I(y_1,\ y_2)=H(y_2)-H(y_2\mid y_1)$。

(4) 负熵。

由于在具有相同协方差阵的 PDF 中高斯分布的熵最大，因此往往把任意 PDF$p(\boldsymbol{y})$和具有相同协方差阵的高斯分布 $p_G(\boldsymbol{y})$间的 KL 散度作为该 PDF 非高斯程度的度量，称为负熵(negentropy)，并用符号 $J[p(\boldsymbol{y})]$表示：

$$J[p(\boldsymbol{y})]=KL[p(\boldsymbol{y}),\ p_G(\boldsymbol{y})]=\int p(\boldsymbol{y})\lg_2\frac{p(\boldsymbol{y})}{p_G(\boldsymbol{y})}\mathrm{d}\boldsymbol{y} \tag{4-43}$$

式(4-43)又可化为：

$$J[p(\boldsymbol{y})]=H_G(\boldsymbol{y})-H(\boldsymbol{y})$$

4.2.3.2 基于信息理论的求解准则

基于信息论的几个求解准则：最小互信息量(Minimum Mutual Information，MMI)、信息最大(Information-maximization，INFOMAX)或最大输出熵(Maximization of Entropy，ME)、均值最大熵(Maximum Entropy in the Mean)、最小熵(Minimum Entropy)、最小互信息(Minimum Mutual Information)等。

(1) 最小互信息准则(Larue 等，2004)。

由 KL 散度定义输出信号与模型的互信息：

$$\begin{aligned} I(\boldsymbol{y}) &= \mathrm{KL}\Big[p(\boldsymbol{y}),\ \prod_{i=1}^{N}p(y_i)\Big]=\sum_{i=1}^{N}H(y_i)-H(y) \\ &= I(x)-lg\left|\det(\boldsymbol{B})\right|+\sum_{i=1}^{N}H(y_i)-\sum_{i=1}^{N}H(x_i) \end{aligned} \tag{4-44}$$

式中 $H(u)$，$H(u_i)$——分别表示信号的联合熵和边缘熵。

$$H(u)=-\int p(u)\lg p(u)\,\mathrm{d}u=-E[\lg_2 p(u)] \tag{4-45}$$

由互信息的 Kullback-Leibler 散度定义，易知 $I(\boldsymbol{y})\geqslant 0$。当且仅当 $\boldsymbol{y}$ 中各分量独立时，即 $\sum_{\mathrm{i}=1}^{N}H(y_i)=H(\boldsymbol{y})$ 时，$I(\boldsymbol{y})=0$，由此得到最小互信息准则，使得式(4-45)最小的解就是问题的解。

(2) 均值最大熵准则。

均值最大熵法将 $\boldsymbol{x}$ 看作变量 $\boldsymbol{X}\in\overline{\boldsymbol{S}}$ 的均值，其中 $\overline{\boldsymbol{S}}$ 表示一个子集，并定义一个概率准则 $P:\boldsymbol{x}=E_p\{\boldsymbol{X}\}$ 以及如下的关系：

$$\boldsymbol{y}=\boldsymbol{Hx}=\boldsymbol{H}E_p\{\boldsymbol{X}\}=\int_{\tilde{S}}\boldsymbol{Hx}\cdot\mathrm{d}P(\boldsymbol{x}) \tag{4-46}$$

假设一个先验准则 $\mathrm{d}\mu(\boldsymbol{x})$，则可以通过下面的方程来得到 P：

$$\begin{aligned} & max-\int_{\tilde{S}}\ln\frac{\mathrm{d}P(\boldsymbol{x})}{\mathrm{d}\mu(\boldsymbol{x})}\mathrm{d}P(\boldsymbol{x}) \\ & s.t. \\ & \boldsymbol{y}=\boldsymbol{Hx}=\boldsymbol{H}E_p\{\boldsymbol{X}\} \end{aligned} \tag{4-47}$$

用 Lagrangian 求解该问题得到：

$$L(\boldsymbol{x},\ \lambda) = \int_I \left[\ln \frac{\mathrm{d}P(\boldsymbol{x})}{\mathrm{d}\mu(\boldsymbol{x})} - \lambda^t(\boldsymbol{y} - \boldsymbol{H}\boldsymbol{x}) \right] \mathrm{d}P(\boldsymbol{x}) \tag{4-48}$$

然后：

$$\mathrm{d}P(\boldsymbol{x},\ \lambda) = \exp(\lambda^t \boldsymbol{H}\boldsymbol{x} - \ln Z(\lambda))\mathrm{d}\mu(\boldsymbol{x})$$

$$Z(\lambda) = \int_{\tilde{S}} \exp(\lambda^t \boldsymbol{H}\boldsymbol{x})\mathrm{d}\mu(\boldsymbol{x}) \tag{4-49}$$

最终，问题的解被定义为下面分布的期望值：

$$\hat{\boldsymbol{x}} = E_p\{\boldsymbol{X}\} = \int_{\tilde{S}} \boldsymbol{x} \cdot \mathrm{d}P(\boldsymbol{x},\ \lambda) \tag{4-50}$$

下面介绍的方法是在地震盲反褶积问题中遇到的求解病态问题的准则，其中最小熵准则出现的比较早，而基于负熵的准则是比较新的方法，在处理其他类似问题时也可以借鉴这些方法。

(3) 最小熵准则(黄绪德，1992)。

熵在信息论中表示系统内信息的不确定性或是不可预测性，不确定性越大，即信息量越大，熵越大。若用到衡量反射系数的状态，则反射系数越近于白噪分布，不确定性越大，熵越大；反之，反射系数越稀疏，确定性越大，则熵越小。

描述反射系数分布还可以用规范方差模，定义如下：

$$V_r = \frac{\sum_{i=1}^{N} r_i^4}{\left(\sum_{i=1}^{N} r_i^2\right)^2} \tag{4-51}$$

例如，反射系数序列为$\boldsymbol{r}(n)=(1,\ 0.33,\ 0.33)$，则有$V_r=0.84$。只有反射系数为单一值时，$V_r=1.0$，为最大；有$N$个均匀分布的值时，$V_r=1/N$，为极小，即：

$$1/N \leqslant V_r \leqslant 1.0 \tag{4-52}$$

如果用它来描述反褶积输出$y(n)$，则有：

$$V_y = \frac{\sum_{i=1}^{N} y_i^4}{\left(\sum_{i=1}^{N} y_i^2\right)^2} = \frac{P}{Q^2} \tag{4-53}$$

式中

$$P = \sum_{i=1}^{N} y_i^4$$

$$Q = \sum_{i=1}^{N} y_i^2$$

① 单道的情况。

设f为待求的反滤波器，长度为M，反射系数长度为N，则：

$$\frac{\partial V_y}{\partial f_j} = 4\sum_{i=1}^{N} y_i^3 \frac{\partial y_i}{\partial f_j} \cdot \frac{1}{Q^2} - 4\frac{P}{Q^3}\sum_{i=1}^{N} y_i \frac{\partial y_i}{\partial f_j} = 0 \tag{4-54}$$

已知

$$\frac{\partial y_i}{\partial f_j} = \frac{\partial}{\partial f_j}\left(\sum_{k=0}^{M} f_k d_{i-k}\right) = d_{i-j} \tag{4-55a}$$

$$\sum_{i=1}^{N} y_i \frac{\partial y_i}{\partial f_j} = \sum_{i=1}^{N} y_i d_{i-j} = \sum_{i=1}^{N}\left(\sum_{k=0}^{M} f_k d_{i-k}\right) d_{i-j} = \sum_{k=0}^{M} f_k \sum_{i=1}^{N} d_{i-k} d_{i-j} = \sum_{k=0}^{M} f_k \phi_{dd}(j-k) \tag{4-55b}$$

将式(4-55a)与式(4-55b)代入式(4-54)得：

$$4\sum_{i=1}^{N} y_i^{\,3} \frac{d_{i-j}}{Q^2} - 4\frac{P}{Q^3}\sum_{k=0}^{M} f_k \phi_{dd}(j-k) = 0 \tag{4-56}$$

化简得：

$$\sum_{i=1}^{N} y_i^{\,3} d_{i-j} = \frac{P}{Q}\sum_{k=0}^{M} f_k \phi_{dd}(j-k) \tag{4-57}$$

用迭代法求解上式可得反滤波器。

② 多道的情况。

如果道号为 $l=1\sim L$，则同样有：

$$V_{y_l} = \frac{\sum_{i=1}^{N} y_{l_l}^{\,4}}{\left(\sum_{i=1}^{N} y_{l_l}^{\,2}\right)^2} = \frac{P_l}{Q_l^{\,2}} \tag{4-58}$$

令

$$V_y = \sum_{l=1}^{L} V_{y_l}$$

式(4-58)变为：

$$\sum_{k=0}^{M} f_k\left[\sum_{l=1}^{L} V_l Q_l^{-1} \phi_{dd}(j-k)\right] = \sum_{l=1}^{L} Q_l^{-2} \sum_{i=1}^{N} y_{l,\,i}^{\,3} d_{l,\,i-j} \tag{4-59}$$

式(4-59)可以写成向量的形式：

$$\boldsymbol{\Phi}_V \boldsymbol{f} = \boldsymbol{\Psi}_V \quad *$$

式中　$\boldsymbol{\Phi}_V$——输入自相关的加权和组成的矩阵；

$\boldsymbol{\Psi}_V$——反褶积输出的三次方与输入道的互相关的加权和组成的向量。

这是一个非线性方程组，可采用迭代法求之。先假设一个初始算子向量 $\boldsymbol{f}^{(0)}$，计算 $\boldsymbol{\Phi}_V^{(0)}$ 和 $\boldsymbol{\Psi}_V^{(0)}$，求解 * 式得到新的 $\boldsymbol{f}^{(1)}$。重算 $\boldsymbol{\Phi}_V^{(1)}$ 和 $\boldsymbol{\Psi}_V^{(1)}$，如此反复直到满足一定的条件为止。

(4) 基于负熵的准则(Santamar 等，1999)。

在过去 30 年里，许多研究者把注意力集中在实际反射系数序列的随机性上，目前普遍接受的认识是：实际的反射系数序列既不是白噪声也不是高斯噪声，Walden 等人(1985)考察了来自不同地质条件下测井反射系数的振幅，证明它们的分布具有对称性，中心峰值很窄，尾部延迟比高斯噪声衰减慢，并且反射系数序列的功率谱正比于频率的次幂 $P\propto f^{\alpha}$，在 0.5 至 1.5 之间(分形谱特点)，正的反射系数后面紧接着是负的反射系数的几率较大，反之亦然。这一特点在反射系数的自相关函数中可以看到：在较小的时间延迟处总是出现负的相关值，这表明反射系数序列比白噪声更具摆动性。

由于褶积过程会增加输入信号的高斯性，为了消去这种影响，在反褶积算法中定义混合模型和具有相同方差的高斯模型的负熵为目标函数。即：

$$J = \sum_i \log_2 \sum_j \pi_j p_j(y_i) - \sum_i \log_2 u(y_i) \tag{4-60}$$

其中

$$p_j(y_i)=\frac{1}{\sqrt{2\pi}\sigma_j}\exp-\left(\frac{y_i^2}{2\sigma_j^2}\right)$$

表示反褶积输出 $\boldsymbol{y}=[y_1, y_2, \cdots, y_N]$ 在每一个采样点处的概率密度函数。

高斯过程 $u(y_i)$ 的方差为：

$$\sigma^2=\lambda_1\sigma_1^2+\lambda_2\sigma_2^2 \tag{4-61}$$

由反褶积输出计算高斯混合模型中每一个高斯过程的后验概率 $p(r_j \mid y_i)$：

$$p(r_j \mid y_i) = r_j(y_i) = \frac{\lambda_j p_j(y_i)}{\sum_k \lambda_k p_k(y_k)}, \ j=1, 2 \tag{4-62}$$

对目标函数 J 求反褶积算子 f 的偏导并令其为零，得：

$$\frac{\partial J}{\partial f_m} = \sum_i \left\{\frac{y_i}{\sigma^2 \sum_j \frac{r_j(y_i)}{\sigma_j^2}} - y_i\right\}\frac{\partial y_i}{\partial f_m} = 0 \tag{4-63}$$

将 $y_i = g * z = \sum_{j=0}^{p} g_j z_{i-j}$ 代入式(4-63)可得：

$$\sum_l g_l \sum_l z_{i-l} z_{i-m} = \sum_i \frac{y_i}{\sigma^2 \sum_j \frac{r_j(y_i)}{\sigma_j^2}} z_{i-m} \tag{4-64}$$

写成矩阵形式：

$$\boldsymbol{R}_{zz}\boldsymbol{g}=\boldsymbol{R}_{zf} \tag{4-65}$$

式中 $\boldsymbol{R}_{zz}$——输入数据的自相关；

$\boldsymbol{R}_{zf}$——数据与非线性函数的互相关。

其中非线性函数表示为：

$$f(y_i) = \frac{y_i}{\sigma^2 \sum_j \frac{r_j(y_i)}{\sigma_j^2}} \tag{4-66}$$

在反射系数高斯混合模型中定义了四个参数 $\Theta=(\lambda_1, \lambda_2, \sigma_1, \sigma_2)$，这里我们采用期望最大算法(EM)对它们进行估计。

$$\sigma_j^2 \leftarrow \tau\sigma_j^2 + (1-\tau)\frac{\sum_i y_i^2 r_j(y_i)}{\sum_i r_j(y_i)} \tag{4-67}$$

$$\lambda_j \leftarrow \tau\lambda_j + (1-\tau)\frac{\sum_i r_j(y_i)}{N} \tag{4-68}$$

式中 τ——平滑因子，$0.8<\tau<0.95$。

4.3 贝叶斯方法

4.3.1 贝叶斯公式及其含义

在数理统计领域，由于观点不同，形成了各种学派。其主要学派有早在 19 世纪就存在的经典学派(或频率学派)和贝叶斯(Ulrych 等，2001；Buland 等，2003)学派。经典学派的理论和方法，如最小二乘法、点估计、最大似然估计等，应用已相当广泛，这也使得早期贝叶斯学派在与非贝叶斯学派的争论中一直处于下风。但是随着统计学广泛应用于自然科学、经济研究、心理学、市场研究等领域，人们逐渐发现了贝叶斯理论的应用价值。终于在 20 世纪 60 年代，这一古老理论得以复苏。

贝叶斯方法源于托马斯·贝叶斯(Thomas Bayes)生前为解决一个“逆概”问题写的一篇文章。在贝叶斯写这篇文章之前，人们已经能够计算“正向概率”，如“假设袋子里面有 N 个白球，M 个黑球，你伸手进去摸一把，摸出黑球的概率是多大?”。而“如果事先并不知道袋子里面黑白球的比例，而是闭着眼睛摸出几个球，观察这些取出来的球的颜色和比例之后，那么如何就此对袋子里面的黑白球的分布情况作出推测?”这就是所谓的逆概问题。

经过几十年的研究与发展，可以肯定地说，贝叶斯学派已经形成并发展成为一个在统计学中很有影响的、堪与频率学派并列的学派。Lindley(2000)甚至认为，21 世纪将是贝叶斯统计的世界。

4.3.1.1 贝叶斯公式

假定要估计的参数为 θ，首先可利用已有的信息来设定 θ 的先验分布 $p(\theta)$，然后将得到的观测信息(即样本信息)融入先验信息来改进先验分布。假定观测样本 x(它是与 θ 有关的)，用 $p(x \mid \theta)$ 表示其条件密度函数，就可以通过贝叶斯公式得到参数 θ 的后验分布：

$$p(\theta \mid x) = \frac{p(\theta)p(x \mid \theta)}{\int p(\theta)p(x \mid \theta)\mathrm{d}\theta} \propto p(\theta)p(x \mid \theta) \tag{4-69}$$

式中 $p(\theta \mid x)$ ——后验 PDF 概率密度；

$p(\theta)$ ——先验 PDF；

$p(x \mid \theta)$ ——似然函数。

这样由后验分布可以对 θ 作出推断，进行期望、方差等估计。贝叶斯估计流程图如图 4-4所示。

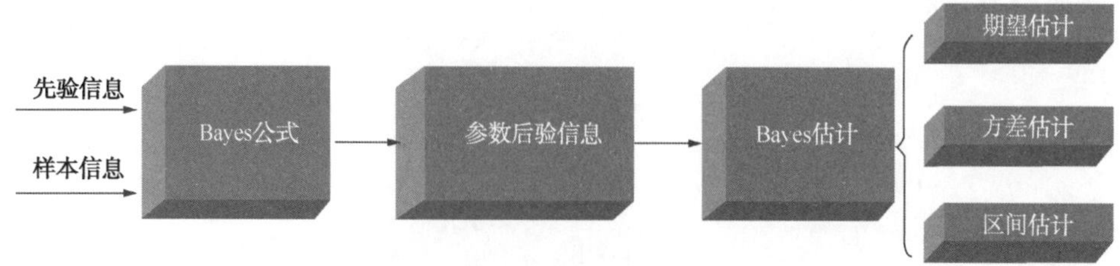

图 4-4 贝叶斯参数估计流程图

一般来说有两种方法可以得到参数 θ 的贝叶斯估计值，一种是取后验分布函数最大时对应的参数值，一种是用后验分布的均值来代替其估计值。

先验 PDF 量化了先验背景信息，如果有 N 个参数且假定独立，则可以把先验 PDF 写成 $p(m)=p(m_1)p(m_2)\cdots p(m_N)$ 的形式。以 $N=2$ 为例，如图 4-5 所示说明了贝叶斯公式中后验分布、先验分布及似然函数的关系。本来模型参数具有很大的先验不确定度，但是在融入观测数据的信息后，不确定度明显减小了。

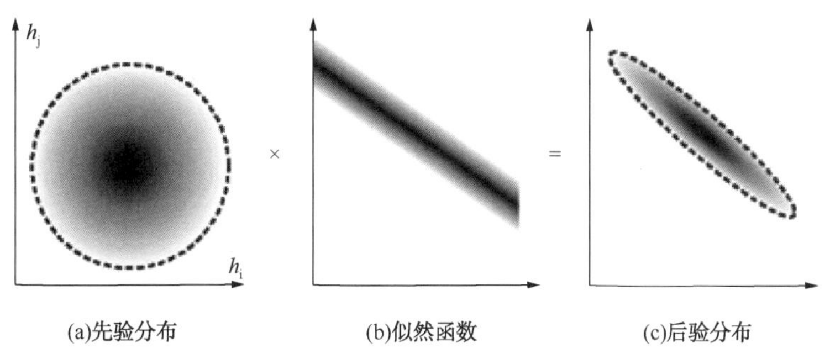

图 4-5　先验分布、似然函数以及后验分布的关系

4.3.1.2　贝叶斯含义

贝叶斯方法是一种概率方法(Grana，2013)，它可以将模型的先验信息和测量数据进行结合。假设对地下不能测量的岩石的某些待估计的属性感兴趣，比如孔隙度，地质学家可以对岩石孔隙率进行假设。比如砂岩孔隙度一般在 10%至 40%之间分布，这个信息被称为先验分布，它给出了在获得问题的解之前所拥有的先验知识。

除了先验分布，通常可以测量到一些物理上与待估计的属性相关的属性，比如速度，且通常可以在这两个属性之间建立物理模型。如果可以测量速度，并且知道该岩石的物理模型，那么就可以推断出一些关于孔隙度的信息。例如，如果速度很高，那么孔隙率将很低，因为孔隙率和速度一般情况下是反相关的，这个信息被称为似然函数。

岩石的先验信息和岩石物理似然函数都是不确定的，通过贝叶斯公式，可以将这两个信息集成到一个被称为后验分布的概率信息中[参见公式(4-69)]。因此，可以把贝叶斯方法看作用新的相关数据以减少先验信息的不确定性的一种方法。贝叶斯方法的一个优点是当先验分布和似然函数是高斯分布时，后验分布也是高斯分布的，并且反问题的解可以解析地导出。因此，贝叶斯在实际应用中，往往假设先验分布和似然函数均服从高斯分布。

贝叶斯解、最大似然解和最小二乘解是有一定联系的。当模型为线性并且似然函数服从高斯分布的情况下，最大似然解与最小二乘解是相等的，也就是说最小二乘解可以看作是最大似然解的一个特例。假设当先验信息服从均匀分布的情况下，最大似然解与贝叶斯解是相等的，即最大似然解是贝叶斯解的一个特例。

综上所述，贝叶斯估计的基本观点为：

(1) 认为未知参数是一个随机变量，而不是常量；

(2) 在得到样本以前，用一个先验分布来刻画关于未知参数的信息；

(3) Bayes 的方法是用数据，也就是似然函数来调整先验分布，进而得到一个后验分布；

(4) 任何统计问题都是由后验分布出发。

4.3.1.3　贝叶斯应用

下面通过一个例子来说明贝叶斯公式的用法及其含义，以及贝叶斯推断和最大似然推断的区别。假设需要通过面相来判断一个人是好人还是坏人，如果想要得到定量的判别结果，通过概率统计来进行判别是个很好的方法。

这里用 g 表示好人，b 表示坏人，假设好人的先验概率 $p(g)=0.9$，坏人的先验概率 $p(b)=1-p(g)=0.1$。从人的面部提取三个特征：(1) 头发长度，用 d_1 表示；(2) 颧骨高度，用 d_2 表示；(3) 眼睛大小，用 d_3 表示。

假设经过实际的人的面部特征统计，好人和坏人的 d_1，d_2，d_3 分别有如图 4-6 所示的条件概率分布(亦称似然函数)。

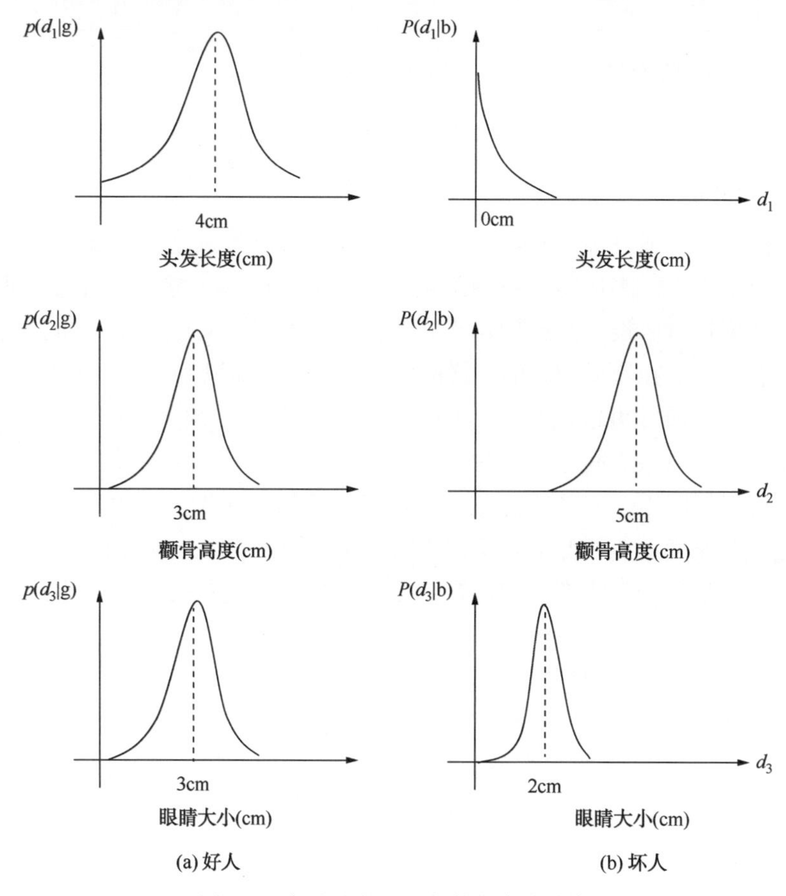

图 4-6　好人和坏人面部特征先验分布

通过上面的概率统计分布看出，好人的头发长度大约 4cm，颧骨高度大约 3cm，眼睛大约 3cm，即好人头发不很短、颧骨比较低、眼睛比较大；坏人的头发长度大约 0cm，颧骨高度大约 5cm，眼睛大约 2cm，即坏人头发很短、颧骨比较高、眼睛比较小。

下面从贝叶斯估计的角度来解决问题，并给出一个可以量化的、比较可信的估计结果。假设这时候有一个人，需要来判断他是好人还是坏人，首先要提取他的这三个特征，即：头发长度(d_1)、颧骨高度(d_2)、眼睛大小(d_3)，假设提取结果为：$d_1=1\text{cm}$、$d_2=4.5\text{cm}$、$d_3=1.3\text{cm}$，根据图 4-6 可以得到如下的条件分布数值：

$$p(d_1\mid g)=0.1\quad p(d_2\mid g)=0.08\quad p(d_3\mid g)=0.07$$

$$p(d_1\mid b)=0.2\quad p(d_2\mid b)=0.1\quad p(d_3\mid b)=0.08$$

将先验信息和条件分布信息代入贝叶斯公式，可以得到这个人是好人的概率为：

$$p(g\mid d_1,\ d_2,\ d_3)=\frac{p(g)p(d\mid g)}{\sum_{j=1}^{2}p(x_j)p(d\mid x_j)}=\frac{p(g)p(d_1\mid g)p(d_2\mid g)p(d_3\mid g)}{\sum_{j=1}^{2}p(x_j)p(d_1\mid x_j)p(d_2\mid x_j)p(d_3\mid x_j)}$$

$$=\frac{p(g)p(d_1\mid g)p(d_2\mid g)p(d_3\mid g)}{p(g)p(d_1\mid g)p(d_2\mid g)p(d_3\mid g)+p(b)p(d_1\mid b)p(d_2\mid b)p(d_3\mid b)}$$

$$=\frac{0.8\times0.1\times0.08\times0.07}{0.8\times0.1\times0.08\times0.07+0.2\times0.2\times0.1\times0.08}=0.759$$

同理可以得到这个人是坏人的概率为：

$$p(b\mid d_1,\ d_2,\ d_3)=\frac{p(b)p(d_1\mid b)p(d_2\mid b)p(d_3\mid b)}{p(g)p(d_1\mid g)p(d_2\mid g)p(d_3\mid g)+p(b)p(d_1\mid b)p(d_2\mid b)p(d_3\mid b)}=0.241$$

这个人是好人的概率为 0.759，是坏人的概率为 0.241，应该将他看作好人。

用最大似然推断的结果进一步计算，已知，当先验分布服从均匀分布时，贝叶斯推断就成了最大似然推断，也就是说最大似然推断是贝叶斯推断的一个特例，此时有 $p(g)=p(b)=0.5$。计算可得这个人是好人的概率为 0.2593，是坏人的概率为 0.7407，应该将他看作坏人。

同样的问题，用贝叶斯推断和最大似然推断得到了完全不同的结论，到底哪个结论可靠？一般来说，当先验信息可靠时，应该相信贝叶斯推断的结果；当先验信息不可靠时，应该相信最大似然推断的结果。在这里例子中，认为好人坏人的先验分布是可靠的，因此应该相信贝叶斯推断的结果。

基于贝叶斯理论的地震反演思路同上，也就是如何将待反演参数的先验信息和观测数据(地震数据)中的似然函数相结合，从而实现更加客观准确的地震反演。

4.3.2 贝叶斯反演

将地球物理信息转化为储层信息属于反演的问题。从概率统计的角度，任何的反演问题均可以看成是一种贝叶斯估计问题(Ulrych 等，2001；Tarantola，2005)，即通过观测数据不断地更新先验知识，从而得到问题的解：

$$\sigma_{\text{post}}(m)=c\cdot p_{\text{prior}}(m)\cdot p_{\text{data}}[d-f(m)]\tag{4-70}$$

式中 m——待估计(反演)的参数空间；

c——归一化的常数；

$\sigma_{\text{post}}(m)$——后验概率密度函数；

$p_{\text{prior}}(m)$——先验概率密度函数；

$p_{\text{data}}[d-f(m)]$——似然函数；

d——观测数据；

$f(m)$——正演算子。

当 $\sigma_{\text{post}}(m)$ 取最大值时，所对应的 m 即为贝叶斯求解结果，称为最大后验解。

对于式(4-70)的求解方法一般有两种(Bosch 等，2010)，第一种是通过最优化目标函数(Yang 等，2008)来求解，属于确定性反演方法；第二种是通过随机模拟(Haas 等，1994)的方法来实现，称为随机反演方法。

4.4 地震反演

地震反演是地球物理反演的一部分。地震反演是利用地表观测地震资料，以已知地质规律和钻井、测井资料为约束，对地下岩层空间结构和物理性质进行成像(求解)的过程。广义的地震反演包括了地震处理与解释的整个内容。

在地震勘探中，检波器在地表接收由震源激发经由地下岩层界面反射而来的地震波，形成地震记录。地震记录只是利用了岩石的声学特征来确定岩性分界面，而不是地层储集特征的直接反映。如果利用这些数字化的地震记录信息反推目的层的岩性特征和储集层参数，就是地震反演过程。

此外，因测井和钻井资料具有较高的垂向分辨率，在横向上采样点少，横向分辨率低，利用井数据可得到储层模型中小尺度结构的变化。而地震数据垂向分辨率低，但横向上采样密集，横向分辨率高，利用地震数据可以对井间大尺度结构进行预测。地震反演充分利用地表观测的地震资料，以宏观地质规律和钻井，测井资料为约束，对地下岩层空间结构和物理性质进行成像。实际上地震资料中包含着丰富的岩性、物性信息，经过地震反演，可以把界面型的地震资料转换成岩层型的模拟测井资料，使其能与钻井、测井直接对比，以岩层为单位进行地质解释，充分发挥地震横向资料密集的优势，研究储层特征的空间变化。

4.4.1 地震反演分类

地震反演通常分为叠前和叠后反演两大类，叠后反演的一般是指波阻抗反演，主要方法有递推反演、基于模型的反演、稀疏脉冲反演以及随机反演等，其次还有多属性反演、拟声波反演、子波反演、层析成像等。从所用的基本理论方法上可将地震反演划分为基于波动理论的波动方程反演和基于 Robinson 褶积模型反演两大类，在实际工作中主要是基于褶积模型的反演，通常所说的地震资料波阻抗反演指的是基于褶积模型的叠后地震资料反演。由于叠后地震数据缺乏叠前数据所包含的丰富的振幅和旅行时信息，一些细微的地层特征在叠后反演结果上是看不到的，特别是当油藏本身的厚度小于地震的分辨能力时，用叠后反演结果很难确定产层的准确位置。

叠前地震反演较叠后地震反演跃进一步，具有明显的优越性，能更可靠地揭示地下储层的展布情况、物性及含油气性。叠前反演主要包括波动方程反演、叠前 AVO 三参数同步反演、弹性波阻抗反演、旅行时反演等，较成熟的是弹性波阻抗反演以及叠前 AVO 三参数同步反演。目前，职合岩石物理和叠前反演的物性估计和流体识别逐渐成为研究的热点。

地震反演方法详细分类结果如图 4-7 所示。

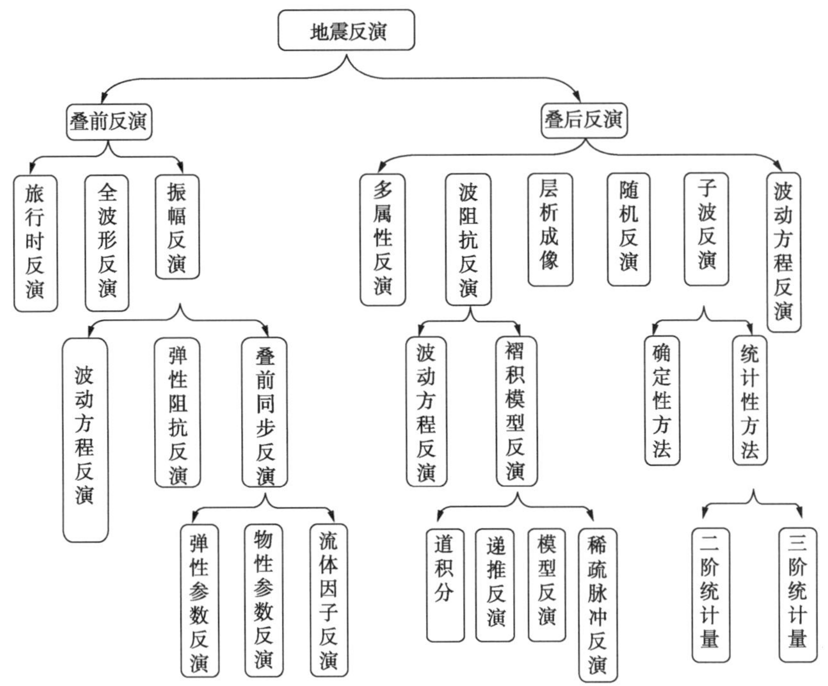

图 4-7 地震反演方法分类

4.4.2 线性与非线性地震反演

反演方法的实现，通常都需要设计一个目标函数，通过求目标函数极值的方法来求得问题的真解，从这种意义上来说，反演问题又是一个最优化问题。线性反演目前已经比较成熟，已经有一套完善的求解线性问题的理论与方法，而非线性反演仍然需要进一步去完善。非线性反演算法大致可以分为两类，如图 4-8 所示。

一类是启发式反演，如蒙特卡洛法(Monte Carlo)(William, 1981)。它以随机而不是系统的方式对模型空间进行搜索，在实际工作中得到了应用。近年来，针对传统蒙特卡洛方法的关键问题，即完全随机地进行“盲目”搜索，发展了两种比较先进的蒙特卡洛方法，它们都属于启发式的方法。一种为以统计物理学为基础的模拟退火法(Simulated Annealing)，另一种为以生物遗传工程为基础的遗传算法(Genetic Algorithm)(Stoffa 等, 1991; 马在田等, 1997)，它们不仅运算速度快，而且还能基本保证在较现实的时间内搜索到目标函数的整体极值，在实际工作中得到了应用。其次还有随机爬山法等。启发式反演不完全依赖于初始猜测，在反演过程中，其最大优点是不会陷入局部极值。

另一类是非启发式反演。由于线性反演已有满意的理论体系和一整套行之有效的方法，人们在处理非线性反演问题时很自然地想到通过近似把问题局部线性化，从而可以有效地利用线性反演方法求解非线性反演问题，由此发展了线性化的反演方法。属于这一类的方法相当多，如最速下降法、牛顿法、共轭梯度法、非线性规划法、非线性最小二乘法等。非启发式反演的优点是收敛速度快，缺点是容易陷入局部极值，且其解严重依赖于初始猜测。

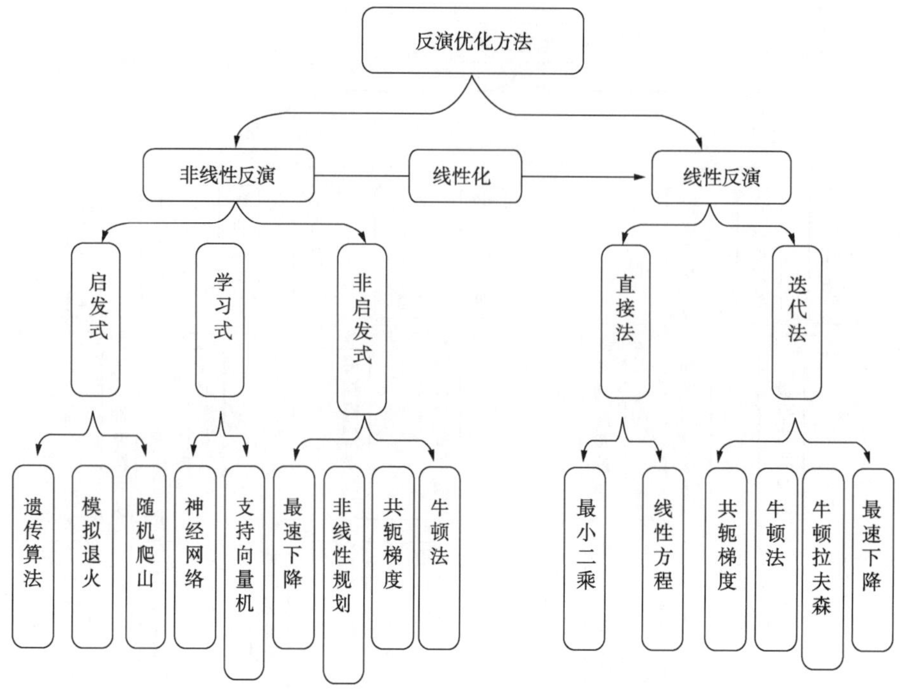

图 4-8　地震反演分类(按实现方式)

4.4.3　地震反演问题的带限性质

地震信号在地下传播过程中，由于大地滤波作用，使高频成分受到强烈衰减。因为检波器响应和接收仪器因素的影响，记录中低频信息会丢失。同时由于施工现场各种不可预测因素的影响，使得实际得到的地震记录仅具有十分有限的频带宽度(对于普通地震资料大约在 20Hz 到 50Hz 频率范围内具有较强的振幅)，其信噪比往往也不高。对这样的地震资料进行地球物理反演，不但精度和分辨率会受到严重影响，而且反演的稳定性较差。为了得到可靠的反演结果，就必须对反演过程加入多种约束条件，补充地震资料缺失的低频和高频成分以达到丰富反射系数的频率成分的目的(沈平平等，2002)。

4.4.4　地震反演的多解性

大多数地球物理反演问题属于病态问题，又由于地震数据是带限的，使得反演结果具有很强多解性。

如图 4-9 所示，$E(c)$表示反演过程中的目标函数，当$E(c)$到达全局最小时就得到了问题的解。假设 c_{local} 为局部最优解，c_{min}^{1}，…，c_{min}^{*}，…，c_{min}^{n} 为全局最优解，但是只有 c_{min}^{*} 为反演问题的真解，当用局部优化方法来求解时，很容易陷入局部极小解 c_{local}，但是如果选用全局优化方法(如遗传算法、模拟退火等)来求解，可以得到一个全局最优解，但是应该注意到，这个全局最优解并不一定是反问题的真解，这就是多解性带来的问题。

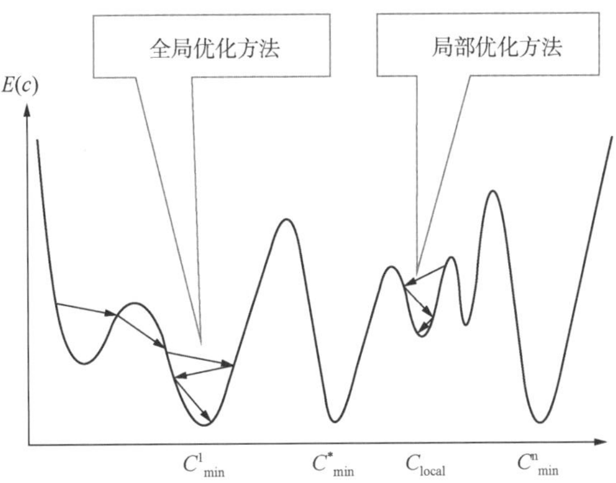

图 4-9　地震反演的多解性

解决以上问题的有效手段就是加约束，它能够较好地解决地震记录的欠定问题并得到宽带的反演结果，使得反演结果趋于真实，主要思想如图 4-10 所示。通过参数的先验信息，可以缩小参数的求解空间，如图 4-10(a)所示。通过其他的附加信息又可以进一步缩小求解空间，如图 4-10(b)所示。然后再用上面提到的各种优化方法求解问题，就可以得到反演问题的真解，如图 4-10(c)所示。

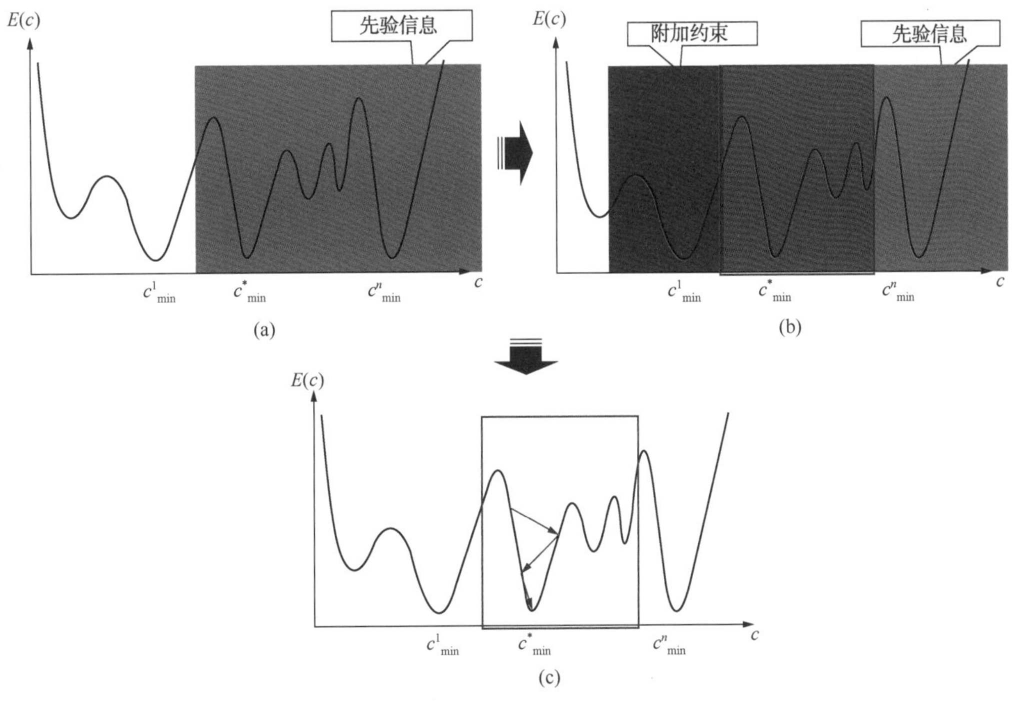

图 4-10　地震反演多解性问题的求解思路

当然，不同的约束条件会产生不同的反演结果。约束条件给定的越合理，反演的结果也就越可靠。因此在约束反演方法中，需要综合应用各种地质先验信息来控制反演结果，减少多解性，才能更可靠地揭示地下储层的岩性、物性及含油气性。

第5章　叠前三参数同步反演与流体识别

叠后地震反演方便快捷，其波阻抗反演成果在一定程度上能够反映储层的内部变化规律。但是由于使用了全角度多次叠加后的叠后地震资料，在某种程度上削弱了反映储层特征的敏感性。且叠后地震反演只能提供种类很少的纵波阻抗等参数，不能给出纵横波阻抗、纵横波速度比、泊松比等反映物性、流体特征的参数，在研究储层物性、流体方面受到了限制。因此，常规的叠后地震技术已经不能满足日益增长的精细储层描述的要求。

叠前地震反演与叠后地震反演相比，具有良好的保真性和多信息性。叠前地震反演技术，克服了叠后反演的不足，不但适合薄储集层物性反演，还可进行含油气性反演。叠前地震反演保留了地震反射振幅随偏移距不同(或入射角不同)而变化的特征，并充分应用了叠前不同入射角的地震道集数据，部分角叠加和梯度、截距等地震处理数据体。通过叠前反演能得到纵横波阻抗、纵横波速度、纵横波速度比、密度、泊松比和砂泥岩百分含量、孔隙度等多种参数，并提供了研究岩性、储层、流体变化规律的更多、更敏感有效的三维反演数据体成果。叠前地震反演较叠后地震反演跃进了一步，具有明显的优越性，能更可靠地揭示地下储层的展布情况和孔、渗物性及含油气性。

叠前地震反演的理论基础是地震波弹性动力学。涉及叠前地震反演的方法和算法很多，国内外很多学者都开展了叠前地震反演方法和技术的研究。本章在前人的理论方法基础上，对叠前 AVO 反演进行了深入的阐述，提出了三种叠前反演的方法：(1) 点约束稀疏脉冲叠前 AVO 反演；(2) 非线性二次规划叠前 AVO 反演；(3) 支持向量机非线性叠前反演。

5.1　叠前反演理论基础

5.1.1　Zoeppritz 方程

一般的叠后反演认为，法向入射的反射系数或波阻抗是速度和密度乘积的简单函数。这是因为常规地震叠加道认为，地震波是垂直(或法线)入射到界面上的，即认为入射角为零时的情况。但事实上，并非如此。常规叠加道是不同入射角(或不同炮检距)地震记录的平均，不能真正代表法线入射的地震记录。所以叠加已经破坏了真实的振幅关系，因此严格地讲，波阻抗递推公式等已不成立了。

在地震勘探中排列较长，入射角较大时，这种振幅随入射角(或炮检距)变化所造成的影响就不能被忽视。因为常规多次叠加技术，不能保真地反映零炮检距的反射振幅。AVO 技术与地震、地质、测井等信息相结合，进行综合分析是油气预测的一种较好方法，国内外应用它识别真假亮点，预测油气藏等已有许多成功的例子。它是一种研究地震反射振幅随入射角变化的技术。

第5章 叠前三参数同步反演与流体识别

AVO 技术已经被广泛地用于氢类检测、岩性识别和流体参数分析。最近几年，发展了大量的 AVO 处理和解释的理论和方法，AVO 技术正在逐步展示它的优越性和重要性。在地震勘探中，震源在地面产生弹性波向下传播时，在非垂直入射状态下，到达弹性分界面上就会产生反射纵波、反射横波和透射纵波、透射横波。反射纵波、反射横波的反射角分别为 θ_1 和 ϕ_1，透射纵波、透射横波的透射角分别为 θ_2 和 ϕ_2。

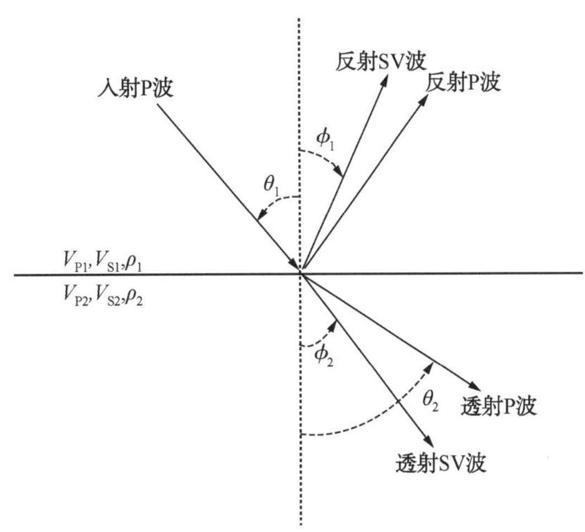

图 5-1　入射 P 波、反射波和透射波的关系

Knott(1899)和 Zoeppritz(1919)根据斯奈尔定理、位移的连续性和应力的连续性，建立了反射透射系数、入射角以及介质弹性参数(密度、体积模量、剪切模量)之间的关系，即著名的 Zoeppritz 方程组：

$$\begin{bmatrix} \sin\theta_1 & \cos\phi_1 & -\sin\theta_2 & \cos\phi_2 \\ -\cos\theta_1 & \sin\phi_1 & -\cos\theta_2 & -\sin\phi_2 \\ \sin2\theta_1 & \frac{V_{P1}}{V_{S1}}\cos2\phi_1 & \frac{\rho_2 V_{S2}^2 V_{P1}}{\rho_1 V_{S1}^2 V_{P2}}\sin2\theta_2 & \frac{-\rho_2 V_{S2} V_{P1}}{\rho_1 V_{S1}^2}\cos2\phi_2 \\ \cos2\phi_1 & \frac{-V_{S1}}{V_{P1}}\sin2\phi_1 & \frac{-\rho_2 V_{P2}}{\rho_1 V_{P1}}\cos2\phi_2 & \frac{-\rho_2 V_{S2}}{\rho_1 V_{P1}}\sin2\phi_2 \end{bmatrix} \cdot \begin{bmatrix} R_{PP} \\ R_{PS} \\ T_{PP} \\ T_{PS} \end{bmatrix} = \begin{bmatrix} -\sin\theta_1 \\ -\cos\theta_1 \\ \sin2\theta_1 \\ -\cos2\phi_1 \end{bmatrix} \tag{5-1}$$

在各向同性的水平层状介质的条件下，入射纵波的能量为 1，当地震波垂直入射到界面上时有 $\theta_1=0°$，按斯奈尔定理有：$\theta_1=\theta_2=\phi_1=\phi_2=0°$。由 Zoeppritz 方程解得：

$$\begin{cases} R_{PP}=\dfrac{\rho_2 V_{P2}-\rho_1 V_{P1}}{\rho_2 V_{P2}+\rho_1 V_{P1}} \\ T_{PP}=1-R_{PP}=\dfrac{2\rho_1 V_{P1}}{\rho_2 V_{P2}+\rho_1 V_{P1}} \\ R_{PS}=T_{PS}=0 \end{cases} \tag{5-2}$$

式中　R_{PP}——纵波反射系数；

R_{PS}——转换横波反射系数；

T_{PP}——纵波透射系数；

T_{PS}——转换横波透射系数；

V_{P1}，V_{P2}——分别为界面上下岩石的纵波速度；

V_{S1}，V_{S2}——分别为界面上下岩石的横波速度；

ρ_1，ρ_2——分别为界面上下岩石的密度。

上式表明，当地震波垂直入射到界面上时，横波的反射系数 R_{PS} 和透射系数 T_{PS} 为零；而纵波的反射系数 R_{PP} 和透射系数为大家熟知的公式。

Koefoed(1955)首先提出了应用 AVO 来检测纵横波速度比变化的可能性，并建立了五个经验准则，后来 Shuey(1985)证实了它们的正确性。

5.1.2 近似公式

AVO 技术是根据振幅随入射角的变化规律所反映出来的地下岩性及其孔隙流体的性质来直接预测油气和估计地层岩性参数的一项技术。其理论基础是描述平面波在水平分界面上的反射和透射的 Zoeppritz 方程。尽管该方程在 1919 年就已经建立，但是由于其在数学上的复杂性和物理上的不直观性，因而一直没有得到应用。为了克服由 Zoeppritz 方程导出的反射系数形式复杂及不易进行数字计算的困难，应该将 Zoeppritz 方程进行简化。

Bortfeld(1961)首先对 Zoeppritz 方程进行了线性化，假设 $\Delta\rho/\rho \ll 1$，$\Delta V_P/V_P \ll 1$，$\Delta V_S/V_S \ll 1$。1976 年，Richards 和 Frasier 研究了性质相近的反射场半空间之间的反射和透射问题，给出了以速度和密度相对变化表示的反射系数近似公式。1980 年，Aki 和 Richards 对 Richards 和 Frasier 等近似进行了综合整理，给出了类似的近似公式。将 Zoeppritz 方程各项展开后，取 ΔV_P、ΔV_S、$\Delta\rho$ 的一级近似，得到了纵波的反射系数：

$$R_P(\theta) \approx \frac{1}{2}\left(1-4\frac{V_S^{\ 2}}{V_P^{\ 2}}\sin^2\theta\right)\frac{\Delta\rho}{\rho}+\frac{\sec^2\theta\Delta V_P}{2\quad V_P}-4\frac{V_S^{\ 2}}{V_P^{\ 2}}\sin^2\theta\frac{\Delta V_S}{V_S} \tag{5-3}$$

其中，V_P，V_S、和 ρ 分别为反射界面两侧的纵、横波速度和密度的平均值，即：

$$\begin{cases} V_P=(V_{P1}+V_{P2})/2 \\ V_S=(V_{S1}+V_{S2})/2 \\ \rho=(\rho_1+\rho_2)/2 \end{cases} \tag{5-4}$$

ΔV_P，ΔV_S 和 $\Delta\rho$ 是界面两侧 V_P，V_S 和 ρ 之差，即：

$$\begin{cases} \Delta V_P=(V_{P2}-V_{P1}) \\ \Delta V_S=(V_{S2}-V_{S1}) \\ \Delta\rho=(\rho_2-\rho_1) \end{cases} \tag{5-5}$$

θ 为纵波的入射角与纵波的透射角之平均值，即：

$$\theta=(\theta_1+\theta_2)/2 \tag{5-6}$$

1985 年，Shuey 对前人各种近似进行重组，并进一步研究了泊松比对反射系数的影响。他的开创性工作奠定了 AVO 处理的基础，同时也揭示了 Chiburis 用最小二乘法拟合反射波振幅和入射角算法的数学物理基础。并首次提出了反射系数的 AVO 截距和梯度的概念，证明了相对反射系数随入射角(或炮检距)变化的变化梯度的概念，证明了相对反射系数随入射角(或炮检距)变化的变化梯度主要由泊松比的变化来决定，给出了用不同角度项表示的反射系数近似公式。

$$R_P(\theta)\approx R_0+\left(A_0R_0+\frac{\Delta\sigma}{(1-\sigma)^2}\right)\sin^2\theta+\frac{1}{2}\frac{\Delta V_P}{V_P}(\tan^2\theta-\sin^2\theta) \tag{5-7}$$

或：

$$R_P(\theta)=R_0+R_2\sin^2\theta+R_4(\tan^2\theta-\sin^2\theta) \tag{5-8}$$

式中 R_0——法向(垂直)入射的反射系数。

其他项系数分别由下式给出：

$$\begin{cases} R_0=\left(\dfrac{\Delta V_P}{V_P}+\dfrac{\Delta\rho}{\rho}\right)/2=\dfrac{1}{2}\Delta\ln\rho V_P \\ R_2=\dfrac{1}{2}\dfrac{\Delta V_P}{V_P}-4\dfrac{V_S^2}{V_P^2}\dfrac{\Delta V_S}{V_S}-2\dfrac{V_S^2}{V_P^2}\dfrac{\Delta\rho}{\rho} \\ R_4=\dfrac{1}{2}\dfrac{\Delta V_P}{V_P} \end{cases} \tag{5-9}$$

1987 年，Smith 和 Gidlow 在 Aki 和 Richards 近似方程的基础上，利用纵波速度与密度的经验关系式，给出如下近似式：

$$R(\bar{\theta})\approx\frac{1}{2}[(1+\tan^2\bar{\theta})+g(1-4\bar{\gamma}^2\sin^2\bar{\theta})]\frac{\Delta V_P}{\bar{V}_P}-4\bar{\gamma}^2\sin^2\bar{\theta}\frac{\Delta V_S}{\bar{V}_S} \tag{5-10}$$

Gardner 认为纵波速度与密度之间存在指数关系：

$$\bar{\rho}=aV_P{}^g \tag{5-11}$$

对于砂岩，通常给定 $g=0.25$，所以，将式(5-11)两边取微分得到：

$$\Delta\rho/\bar{\rho}=\Delta V_P/4\bar{V}_P \tag{5-12}$$

代入式(5-10)，转化得到如下形式的近似表达式：

$$R(\bar{\theta})\approx\left[\frac{5}{8}-\frac{1}{2}\bar{\gamma}^2\sin^2\bar{\theta}+\frac{1}{2}\tan^2\bar{\theta}\right]\frac{\Delta V_P}{\bar{V}_P}-4\bar{\gamma}^2\sin^2\bar{\theta}\frac{\Delta V_S}{\bar{V}_S} \tag{5-13}$$

属性参数是 P 波速度反射系数和 S 波速度反射系数。有研究指出(Downton，2005)，相对于阻抗反射系数，速度反射系数的反演将具有更大的不确定性。从矩阵的条件数分析得到，Smith 和 Gidlow 近似方程比两参数 Shuey 近似方程具有更好稳定性。

为了避免 Smith 和 Gidlow 近似方法过多地依赖 Gardner 经验方程，Gidlow 等人(1992)对 Aki-Richard 近似方程进行重新整理，给出以波阻抗反射系数表示的近似方程：

$$R(\bar{\theta})\approx\sec^2\bar{\theta}\times\frac{1}{2}\left(\frac{\Delta V_P}{\bar{V}_P}+\frac{\Delta\rho}{\bar{\rho}}\right)-8\bar{\gamma}\sin^2\bar{\theta}\times\frac{1}{2}\left(\frac{\Delta V_S}{\bar{V}_S}+\frac{\Delta\rho}{\bar{\rho}}\right)+(4\bar{\gamma}^2\sin^2\bar{\theta}-\tan^2\bar{\theta})\times\frac{1}{2}\frac{\Delta\rho}{\bar{\rho}} \tag{5-14}$$

Gidlow 近似方程式中的属性参数分别表示 P 波阻抗反射系数、S 波阻抗反射系数及密度反射系数。在小角度情况下，密度项的系数较小，密度的变化又较小，所以，得到其两参数近似方程：

$$R(\bar{\theta}) \approx \sec^2\bar{\theta}\times\frac{1}{2}\left(\frac{\Delta V_\mathrm{P}}{\bar{V}_\mathrm{P}}+\frac{\Delta\rho}{\bar{\rho}}\right)-8\bar{\gamma}\sin^2\bar{\theta}\times\frac{1}{2}\left(\frac{\Delta V_\mathrm{S}}{\bar{V}_\mathrm{S}}+\frac{\Delta\rho}{\bar{\rho}}\right) \tag{5-15}$$

Debski 及 Tarantola(2005)认为以波阻抗反射系数作为参数进行 AVO 反演，可以使反演问题相对稳定。但采用 Gidlow 近似方程反演属性参数，需要背景纵、横波速度的信息($\bar{\gamma}$)，从而易产生背景横波信息所带来的误差。对此可建立平滑的背景纵波速度，利用岩石物理的经验关系及研究方法，可以有效降低误差。

Goodway(1997)在分析了拉梅常数(压缩模量 λ 和剪切模量 μ)对碳氢化合物的敏感程度后认为，λ/μ 对含油气饱和地储层非常敏感，并在声波测井参数约束的情况下利用 Fatti 近似进行了 AVO 分析：

$$R_\mathrm{P}(\theta)=A-B-C \tag{5-16}$$

其中

$$\begin{cases} A=\dfrac{1}{2}(1+\tan^2\theta)\dfrac{\sqrt{\lambda_2+2\mu_2\rho_2}-\sqrt{\lambda_1+2\mu_1\rho_1}}{\sqrt{\lambda+2\mu\rho}} \\ B=-4\dfrac{\mu}{\lambda+2\mu}\sin^2\theta\dfrac{\sqrt{\mu_2\rho_2}-\sqrt{\mu_1\rho_1}}{\sqrt{\mu\rho}} \\ C=-\dfrac{1}{2}\left(\tan^2\theta-2\dfrac{\mu}{\lambda+2\mu}\right)\dfrac{\Delta\rho}{\rho} \end{cases}$$

该近似主要体现了拉梅常数(压缩模量 λ 和剪切模量 μ)对碳氢化合物的敏感程度。由于饱和含油气地层一般都具有较低的 $\lambda\rho$ 及 λ/μ，如果结合声波测井资料，根据上述关系式可以很容易地反演出 $\lambda\rho$ 及 λ/μ，从而达到预测储层的目的。

Gray(2004)在 Aki 和 Richards 近似方程式的基础上，得到以压缩模量 λ 和剪切模量 μ 反射系数及密度反射系数表示的近似方程：

$$\begin{cases} R_\mathrm{PP}(\bar{\theta})=\left[\dfrac{1}{4}-\dfrac{1}{2}\left(\dfrac{\bar{V}}{\bar{V}_\mathrm{p}}\right)^2\right]\sec^2\bar{\theta}\dfrac{\Delta\lambda}{\lambda}+\left(\dfrac{\bar{V}_\mathrm{s}}{\bar{V}_\mathrm{p}}\right)^2\left(\dfrac{1}{2}\sec^2\bar{\theta}-2\sin^2\bar{\theta}\right)\dfrac{\Delta\mu}{\mu}+\left(\dfrac{1}{2}-\dfrac{1}{4}\sec^2\bar{\theta}\right)\dfrac{\Delta\rho}{\rho} \\ R_\mathrm{PP}(\bar{\theta})=\left[\dfrac{1}{4}-\dfrac{1}{3}\left(\dfrac{\bar{V}}{\bar{V}_\mathrm{p}}\right)^2\right]\sec^2\bar{\theta}\dfrac{\Delta k}{k}+\left(\dfrac{\bar{V}}{\bar{V}_\mathrm{p}}\right)^2\left(\dfrac{1}{3}\sec^2\bar{\theta}-2\sin^2\bar{\theta}\right)\dfrac{\Delta\mu}{\mu}+\left(\dfrac{1}{2}-\dfrac{1}{4}\sec^2\bar{\theta}\right)\dfrac{\Delta\rho}{\rho} \end{cases} \tag{5-17}$$

式中 k——体积模量；

λ——压缩模量；

μ——剪切模量。

该近似方程的最大的特点是直接利用与含油气储层十分敏感的弹性参数的相对变化来表示纵波反射系数。

为了进一步证实泊松比对反射系数的决定作用，Hilterman(1989)在 Shuey 近似方程的基础上给出了基于 $\Delta\sigma$ 的另一种近似：

$$R_\mathrm{P}=R_0\cos^2\theta+\frac{\Delta\sigma}{(1-\sigma)^2}\sin^2\theta \tag{5-18}$$

该方法完全体现了泊松比及其变化对反射系数的影响，可以不受任何约束地提取泊松比等有关岩性参数，并识别流体的存在。但由于该近似略去了 Shuey 公式中的第三项，所以不适用于大角度入射的情形。

一般来说，纵波对孔隙流体的变化较敏感。而横波主要与岩石骨架有关，流体的变化对其影响较小。对于气体，纵波速度的变化是以非线性的方式响应储层含气饱和度，而密度却以线性的方式响应储层气体的含量。因此，检测流体的类型及储层气体的含量，需同时提供准确的纵横波速度的变化和密度变化的信息。三参数 AVO 反演问题的优势是可获取密度信息。密度项具有描述储层流体饱和度的信息。

根据 Gassmann(1951)方程，绘出纵横波速度及密度响应含气饱和度的曲线，如图 5-2 所示。从图中可以看出，P 波速度以非线性的方式响应含气饱和度，当含气饱和度小于10%的情况下，含气饱和度的变化会引起较大的 P 波速度的变化；当含气饱和度大于 10%后，P 波速度的变化较小。S 波速度在含气及含水的情况下，速度变化很小。而密度是以线性的方式响应含气饱和度的变化，当含气饱和度增大时，密度在减小。因此，根据纵横波速度及密度的变化，可以更为精确地预测储层含气饱和度，降低勘探的风险。所以，叠前三参数同步反演具有非常重要的实际意义。

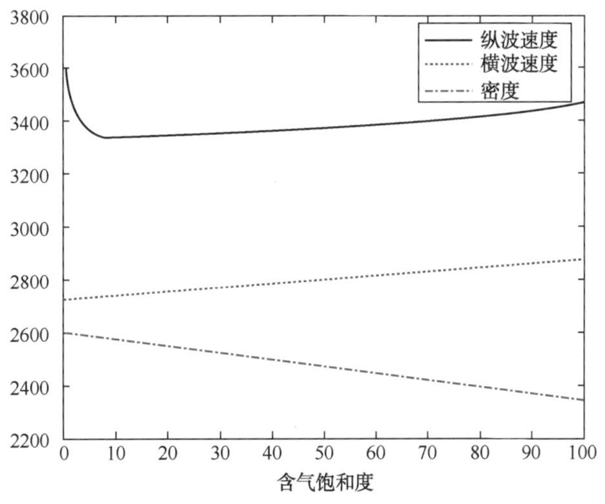

图 5-2　含气饱和度与纵横波速度以及密度之间的关系

5.2　点约束稀疏脉冲叠前反演

本书提出了一种估计地层纵波阻抗、横波阻抗和密度的点约束稀疏脉冲叠前反演(Points Constraint Sparse Spike Prestack Inversion，PCSS-PI)方法。方法首先基于贝叶斯参数估计的理论，假设似然函数服从高斯分布，待反演的参数服从改进的 Cauchy 分布，从而得到稀疏的反射稀疏序列。然后用已知点的纵波阻抗、横波阻抗和密度对反演结果进行点约束，从而使反演的结果更加准确可靠。

反演过程中应用反复重加权最小二乘法(Youzwishen, 2001)来求解非线性问题，并通过共轭梯度法(Shewchuck, 1994)来求解大型的矩阵方程，通过有限地几步迭代就可以得到问题的解，因此该方法速度快且抗噪能力强。首先通过理论分析建立起反演的目标函数以及解析形式的解，然后通过模型验证了方法的有效性，最后用于处理实际的叠前地震数据。仿真实验表明，提出的新方法即使在信噪比较低的情况下也有很好的反演效果。

5.2.1 建立正演模型

5.2.1.1 Gidlow 近似方程

Zoeppritz 方程精确描述了水平界面两侧入射、反射、透射纵横波之间的关系。但由于其计算反射系数要求的计算量大，并且计算步骤复杂，Gidlow 等人(1992 年)按照纵波阻抗反射系数、横波阻抗反射系数和密度对经典的 Aki-Richard 近似方程进行重新整理，从而得到如下的 Zoeppritz 近似方程：

$$R(\bar{\theta}) = \sec^2\bar{\theta} \cdot R_{\mathrm{p}} - 8\bar{\gamma}\sin^2\bar{\theta} \cdot R_{\mathrm{s}} + (4\bar{\gamma}^2\sin^2\bar{\theta} - \tan^2\bar{\theta}) \cdot R_{\mathrm{d}} \tag{5-19}$$

式中 $\bar{\theta}$——分界面的入射角和透射角的平均角度；

$\bar{V}_{\mathrm{p}}$，$\bar{V}_{\mathrm{s}}$，$\bar{\rho}$——分别表示分界面两侧介质的平均纵波速度、横波速度、密度；

R_{p}——纵波阻抗反射系数，$R_{\mathrm{p}} = \dfrac{\Delta V_{\mathrm{p}}}{\bar{V}_{\mathrm{p}}} + \dfrac{\Delta\bar{\rho}}{\bar{\rho}} = \dfrac{1}{2}\dfrac{\Delta I_{\mathrm{p}}}{I_{\mathrm{p}}}$；

R_{s}——横波阻抗反射系数，$R_{\mathrm{s}} = \dfrac{\Delta\bar{V}}{\bar{V}_{\mathrm{s}}} + \dfrac{\Delta\bar{\rho}}{\bar{\rho}} = \dfrac{1}{2}\dfrac{\Delta I_{\mathrm{s}}}{I_{\mathrm{s}}}$；

R_{d}——密度反射系数，$R_{\mathrm{d}} = \dfrac{\Delta\bar{\rho}}{\bar{\rho}}$；

$\bar{\gamma}$——横波速度与纵波速度的比值。

将式(5-19)按偏移距写成矩阵形式，其中 $\bar{\theta}_1$，$\bar{\theta}_2$，…，$\bar{\theta}_M$ 表示分界面处的 M 个平均角度：

$$\begin{bmatrix} R(\bar{\theta}_1) \\ \vdots \\ R(\bar{\theta}_M) \end{bmatrix} = \begin{bmatrix} \sec^2\bar{\theta}_1 & -8\bar{\gamma}\sin^2\bar{\theta}_1 & 4\bar{\gamma}^2\sin^2\bar{\theta}_1 - \tan^2\bar{\theta}_1 \\ & \vdots & \\ \sec^2\bar{\theta}_M & -8\bar{\gamma}\sin^2\bar{\theta}_M & 4\bar{\gamma}^2\sin^2\bar{\theta}_M - \tan^2\bar{\theta}_M \end{bmatrix} \begin{bmatrix} R_{\mathrm{p}} \\ R_{\mathrm{s}} \\ R_{\mathrm{d}} \end{bmatrix} \tag{5-20}$$

5.2.1.2 叠前数据褶积模型

为了简化问题首先考虑只有一个界面、两个偏移距(偏移距 r_1 和偏移距 r_2)的情况，将式(5-20)表示如下：

$$\begin{bmatrix} r_1 \\ r_2 \end{bmatrix} = \begin{bmatrix} a_1 & b_1 & c_1 \\ a_2 & b_2 & c_2 \end{bmatrix} \begin{bmatrix} R_{\mathrm{p}} \\ R_{\mathrm{S}} \\ R_{\mathrm{d}} \end{bmatrix} \tag{5-21}$$

在考虑两个界面的情况下，式(5-21)变成：

$$\begin{bmatrix} r_1^1 \\ r_1^2 \\ r_2^1 \\ r_2^2 \end{bmatrix} = \begin{bmatrix} a_1^1 & 0 & b_1^1 & 0 & c_1^1 & 0 \\ 0 & a_1^2 & 0 & b_1^2 & 0 & c_1^2 \\ a_2^1 & 0 & b_2^1 & 0 & c_2^1 & 0 \\ 0 & a_2^2 & 0 & b_2^2 & 0 & c_2^2 \end{bmatrix} \begin{bmatrix} R_p^1 \\ R_p^2 \\ R_s^1 \\ R_s^2 \\ R_d^1 \\ R_d^2 \end{bmatrix} \tag{5-22}$$

将方程进一步简化为分块矩阵：

$$\begin{bmatrix} \underline{\boldsymbol{y}}_1 \\ \underline{\boldsymbol{y}}_2 \end{bmatrix} = \begin{bmatrix} \underline{\underline{\boldsymbol{A}}}_1 & \underline{\underline{\boldsymbol{B}}}_1 & \underline{\underline{\boldsymbol{C}}}_1 \\ \underline{\underline{\boldsymbol{A}}}_2 & \underline{\underline{\boldsymbol{B}}}_2 & \underline{\underline{\boldsymbol{C}}}_2 \end{bmatrix} \begin{bmatrix} \underline{\boldsymbol{r}}_\text{P} \\ \underline{\boldsymbol{r}}_\text{S} \\ \underline{\boldsymbol{r}}_\text{D} \end{bmatrix} \tag{5-23}$$

其中

$$\underline{\boldsymbol{y}}_1 = \begin{bmatrix} r_1^1 \\ r_1^2 \end{bmatrix}$$

$$\underline{\underline{\boldsymbol{A}}}_1 = \begin{bmatrix} a_1^1 & 0 \\ 0 & a_1^2 \end{bmatrix}$$

$$\underline{\boldsymbol{r}}_\text{p} = \begin{bmatrix} R_\text{P}^1 \\ R_\text{P}^2 \end{bmatrix}$$

式中　$\underline{\boldsymbol{y}}_k$——偏移距为 k 的数据向量；

$\underline{\boldsymbol{r}}_\text{p}$——纵波阻抗反射系数向量；

$\underline{\underline{\boldsymbol{A}}}_k$——斜对角矩阵。

将子波作为公式中的一部分包含进去，可以得到下面的方程：

$$\begin{bmatrix} \underline{\boldsymbol{d}}_1 \\ \underline{\boldsymbol{d}}_2 \end{bmatrix} = \begin{bmatrix} \boldsymbol{W}\underline{\underline{\boldsymbol{A}}}_1 & \boldsymbol{W}\underline{\underline{\boldsymbol{B}}}_1 & \boldsymbol{W}\underline{\underline{\boldsymbol{C}}}_1 \\ \boldsymbol{W}\underline{\underline{\boldsymbol{A}}}_2 & \boldsymbol{W}\underline{\underline{\boldsymbol{B}}}_2 & \boldsymbol{W}\underline{\underline{\boldsymbol{C}}}_2 \end{bmatrix} \begin{bmatrix} \underline{\boldsymbol{r}}_\text{P} \\ \underline{\boldsymbol{r}}_\text{S} \\ \underline{\boldsymbol{r}}_\text{d} \end{bmatrix} \tag{5-24}$$

式中　$\boldsymbol{W}$——子波矩阵；

$\underline{\boldsymbol{d}}$——叠前 CMP 道集。

下面将问题扩展到 M 个偏移距，N 个界面的情况：

$$\begin{bmatrix} \underline{\boldsymbol{d}}_1 \\ \underline{\boldsymbol{d}}_2 \\ M \\ \underline{\boldsymbol{d}}_M \end{bmatrix} = \begin{bmatrix} \boldsymbol{W}\underline{\underline{\boldsymbol{A}}}_1 & \boldsymbol{W}\underline{\underline{\boldsymbol{B}}}_1 & \boldsymbol{W}\underline{\underline{\boldsymbol{C}}}_1 \\ \boldsymbol{W}\underline{\underline{\boldsymbol{A}}}_2 & \boldsymbol{W}\underline{\underline{\boldsymbol{B}}}_2 & \boldsymbol{W}\underline{\underline{\boldsymbol{C}}}_2 \\ & \vdots & \\ \boldsymbol{W}\underline{\underline{\boldsymbol{A}}}_M & \boldsymbol{W}\underline{\underline{\boldsymbol{B}}}_M & \boldsymbol{W}\underline{\underline{\boldsymbol{C}}}_M \end{bmatrix} \begin{bmatrix} \underline{\boldsymbol{r}}_\text{P} \\ \underline{\boldsymbol{r}}_\text{S} \\ \underline{\boldsymbol{r}}_\text{d} \end{bmatrix} \tag{5-25}$$

将式(5-25)简记如下：

$$\underline{d}_{NK\times 1}=\underline{\underline{G}}_{NK\times 3N}\cdot \underline{r}_{3N\times 1} \tag{5-26}$$

数据包含 $M=N\times K$ 个界面，参数向量 $\underline{r}$ 包含 $L=3N$ 个元素。该方程组就是本书所用的正演模型，图 5-3 形象地说明了式(5-26)的正演过程。

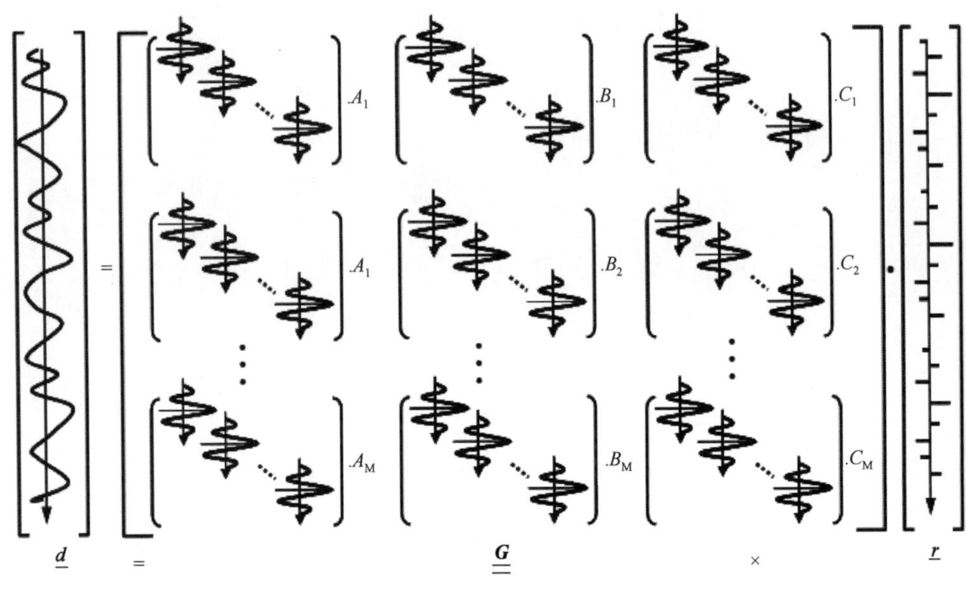

图 5-3　叠前反演的正演过程

叠前 CMP 道集多为不同炮检距数据，而式(5-20)中只有角度，因此需要将炮检距换算成角度。假定水平层状介质及横向速度不变，每一层的速度已知，可采用射线追踪方法完成炮检距到角度的计算。在沿射线路径的方向上，各界面的入射角满足 Snell 定律。已知第一层的起始入射角，就可通过 Snell 定律递推得到每一界面的入射角。对于共中心点道集中的每一道来说，接收到的反射波是炮检距固定的条件下，来自各界面反射波的叠加。

如果以 τ 表示炮点到接收点的双程旅行时，h 表示炮点到接收点的水平距离，Δz_n 表示层的厚度，α_n 表示第 n 层的纵波速度，p 表示水平慢度，第 n 层的 τ 及 h 的计算公式为：

$$\begin{cases} \tau_n(p)=2\sum\limits_{n=1}^{n}\dfrac{\Delta z_n}{\alpha_n}\dfrac{1}{\sqrt{1-\alpha_n^2p^2}} \\ h_n(p)=2\sum\limits_{n=1}^{n}\dfrac{p\alpha_n\Delta z_n}{\sqrt{1-\alpha_n^2p^2}} \end{cases} \tag{5-27}$$

通过试射法利用式(5-27)求取射线参数 p，再由 Snell 定律求角度。

5.2.2 参数去相关与协方差矩阵的建立

5.2.2.1 参数去相关

由于地层的纵波阻抗、横波阻抗和密度之间是统计相关的，因此需要应用三者之间的协方差矩阵对参数进行去相关处理。首先将待反演的参数之间的协方差矩阵 $\boldsymbol{C}_r$ 表示为：

$$\boldsymbol{C}_r=\begin{bmatrix}\sigma_{\underline{r}_\text{p}}^2\sigma_{\underline{r}_\text{p}\underline{r}_\text{s}}\sigma_{\underline{r}_\text{p}\underline{r}_\text{d}}\\ \sigma_{\underline{r}_\text{p}\underline{r}_\text{s}}\sigma_{\underline{r}_\text{s}}^2\sigma_{\underline{r}_\text{s}\underline{r}_\text{d}}\\ \sigma_{\underline{r}_\text{p}\underline{r}_\text{d}}\sigma_{\underline{r}_\text{s}\underline{r}_\text{d}}\sigma_{\underline{r}_\text{d}}^2\end{bmatrix} \tag{5-28}$$

式中 $\sigma_{\underline{r}_\text{p}}^2$——纵波阻抗反射系数的方差；

$\sigma_{\underline{r}_\text{s}}^2$——横波阻抗反射系数的方差；

$\sigma_{\underline{r}_\text{d}}^2$——密度反射系数的方差；

$\sigma_{\underline{r}_\text{p}\underline{r}_\text{s}}$——纵波阻抗反射系数与横波阻抗反射系数之间的协方差；

$\sigma_{\underline{r}_\text{p}\underline{r}_\text{d}}$——纵波阻抗反射系数与密度反射系数之间的协方差；

$\sigma_{\underline{r}_\text{s}\underline{r}_\text{d}}$——横波阻抗反射系数与密度反射系数之间的协方差。

由于这三个变量间是不独立的，那么协方差矩阵 $\boldsymbol{C}_\text{r}$ 的非对角线上的元素不为零，对该协方差矩阵进行奇异值分解：

$$\boldsymbol{C}_\text{r}=\underline{\underline{\boldsymbol{v}}}\sum\underline{\underline{\boldsymbol{v}}}^\text{T}=\underline{\underline{\boldsymbol{v}}}\begin{bmatrix}\sigma_1^2 & 0 & 0\\ 0 & \sigma_2^2 & 0\\ 0 & 0 & \sigma_3^2\end{bmatrix}\underline{\underline{\boldsymbol{v}}}^\text{T} \tag{5-29}$$

方程显示的协方差矩阵是对于单个界面的，假定反射系数是不变的且独立的，那么可直接将协方差矩阵延伸为 N 个时间采样，产生 $3N\times3N$ 的稀疏协方差矩阵，特征向量分析也可容易的扩展为 $3N\times3N$ 的情况，令：

$$\underline{\underline{\boldsymbol{v}}}^{-1}=\begin{bmatrix}v_{11} & v_{12} & v_{13}\\ v_{21} & v_{22} & v_{23}\\ v_{31} & v_{32} & v_{33}\end{bmatrix} \tag{5-30}$$

则

$$\underline{\underline{\boldsymbol{V}}}^{-1}=\begin{bmatrix}v_{11} & 0 & \cdots & v_{12} & 0 & \cdots & v_{13} & 0 & \cdots\\ 0 & v_{11} & 0 & \cdots & v_{12} & 0 & \cdots & v_{13} & 0\\ & & & & \vdots & & & & \\ v_{21} & 0 & \cdots & v_{22} & 0 & \cdots & v_{23} & 0 & \cdots\\ 0 & v_{21} & 0 & \cdots & v_{22} & 0 & \cdots & v_{23} & 0\\ & & & & \vdots & & & & \\ v_{31} & 0 & \cdots & v_{32} & 0 & \cdots & v_{33} & 0 & \cdots\\ 0 & v_{31} & 0 & \cdots & v_{32} & 0 & \cdots & v_{33} & 0\\ & & & & \vdots & & & & \end{bmatrix}_{3N\times3N} \tag{5-31}$$

对式(5-26)做如下的变换：

$$\begin{cases}\underline{\underline{G}}'=\underline{\underline{G}}\cdot\underline{\underline{V}}\\ \underline{r}'=\underline{\underline{V}}^{-1}\underline{r}\end{cases} \tag{5-32}$$

得到：

$$\underline{d}=\underline{\underline{G}}'\underline{r}' \tag{5-33}$$

经过变换后的参数的协方差矩阵 $C_{r'}$ 等于：

$$C_{r'}=\begin{bmatrix}\sigma_1^2 & 0 & 0\\ 0 & \sigma_2^2 & 0\\ 0 & 0 & \sigma_3^2\end{bmatrix} \tag{5-34}$$

从式(5-34)可以看出，非对角线上的元素都为零，说明经过变换后的参数之间是相互独立的。

5.2.2.2 协方差矩阵的建立

(1) 统计方法。

生成协方差矩阵的最简单方法是从附近井资料进行统计估计：

$$\hat{C}_{\underline{r}}=\frac{X^{\mathrm{T}}X}{N} \tag{5-35}$$

其中

$$X=[\underline{r}_{\mathrm{P}},\ \underline{r}_{\mathrm{S}},\ \underline{r}_{\mathrm{d}}]$$

N 为样本个数。为了防止奇异值对估计结果准确度结果的影响，在进行协方差矩阵估计时应先对样本数据进行中值滤波，以剔除这些奇异值。

(2) 基于岩石物理关系。

Gardner(1974)公式是将密度与纵波速度相联系的经验关系：

$$\rho=\mathrm{e}V_{\mathrm{p}}^{\ \mathrm{g}} \tag{5-36}$$

通过求取方程对 α 的导数，按照横波速度反射系数和密度反射系数表示的 Gardner 关系：

$$R_{\mathrm{d}}=gR_{\alpha} \tag{5-37}$$

比例系数 g 的最小二乘解为：

$$g=\frac{\sigma_{R_\alpha R_{\mathrm{d}}}}{\sigma_{R_\alpha}^2} \tag{5-38}$$

Potter 等人(1998)得到横波速度反射系数和密度反射系数之间的一个相似公式：

$$R_{\mathrm{d}}=fR_{\beta} \tag{5-39}$$

比例系数 f 的最小二乘解为：

$$f=\frac{\sigma_{R_\beta R_{\mathrm{d}}}}{\sigma_{R_\beta}^2} \tag{5-40}$$

进一步：

$$\underline{C'}_r=\begin{bmatrix}\sigma_{R_\alpha}^2 & \sigma_{R_\alpha R_\beta} & \sigma_{R_\alpha R_\mathrm{d}}\\ \sigma_{R_\alpha R_\beta} & \sigma_{R_\beta}^2 & \sigma_{R_\beta R_\mathrm{d}}\\ \sigma_{R_\alpha R_\mathrm{d}} & \sigma_{R_\alpha R_\mathrm{d}} & \sigma_{R_\mathrm{d}}^2\end{bmatrix}=\sigma_{R_\alpha}^2\begin{bmatrix}1 & \dfrac{r_{R_\alpha R'_\beta}^2}{m\bar{\gamma}} & g\\ \dfrac{r_{R_\alpha R'_\beta}^2}{m\bar{\gamma}} & \left(\dfrac{r_{R_\alpha R'_\beta}}{m\bar{\gamma}}\right)^2 & f\left(\dfrac{r_{R_\alpha R'_\beta}}{m\bar{\gamma}}\right)^2\\ g & f\left(\dfrac{r_{R_\alpha R'_\beta}}{m\bar{\gamma}}\right)^2 & f\left(\dfrac{r_{R_\alpha R'_\beta}}{m\bar{\gamma}}\right)^2\end{bmatrix}\tag{5-41}$$

最终得到协方差矩阵：

$$\underline{C}_r=\begin{bmatrix}1&0&1\\0&1&1\\0&0&1\end{bmatrix}\cdot\underline{C'}_r\cdot\begin{bmatrix}1&0&1\\0&1&1\\0&0&1\end{bmatrix}^{\mathrm{T}}$$

$$=\sigma_{R_\alpha}^2\begin{bmatrix}1+2g+\dfrac{g^2}{r_{R_\alpha R_\mathrm{d}}^2} & \dfrac{r_{R_\alpha R'_\beta}^2}{m\bar{\gamma}}+g+f\dfrac{r_{R_\alpha R'_\beta}^2}{m^2\bar{\gamma}^2}+\dfrac{g^2}{r_{R_\alpha R_\mathrm{d}}^2} & g+\dfrac{g^2}{r_{R_\alpha R_\mathrm{d}}^2}\\ \dfrac{r_{R_\alpha R'_\beta}^2}{m\bar{\gamma}}+g+f\dfrac{r_{R_\alpha R'_\beta}^2}{m^2\bar{\gamma}^2}+\dfrac{g^2}{r_{R_\alpha R_\mathrm{d}}^2} & \dfrac{r_{R_\alpha R'_\beta}^2}{m^2\bar{\gamma}^2}+2f\dfrac{r_{R_\alpha R'_\beta}^2}{m^2\bar{\gamma}^2}+\dfrac{g^2}{r_{R_\alpha R_\mathrm{d}}^2} & f\dfrac{r_{R_\alpha R'_\beta}^2}{m^2\bar{\gamma}^2}+\dfrac{g^2}{r_{R_\alpha R_\mathrm{d}}^2}\\ g+\dfrac{g^2}{r_{R_\alpha R_\mathrm{d}}^2} & f\dfrac{r_{R_\alpha R'_\beta}^2}{m^2\bar{\gamma}^2}+\dfrac{g^2}{r_{R_\alpha R_\mathrm{d}}^2} & \dfrac{g^2}{r_{R_\alpha R_\mathrm{d}}^2}\end{bmatrix}\tag{5-42}$$

5.2.3 反演方程及其解

5.2.3.1 似然函数

假定噪声服从正态分布，且独立，则似然函数可以写为：

$$p(\underline{d},\ \sigma_n\mid\underline{r}',\ I)=\frac{1}{\sqrt{2\pi}\sigma_n}\exp\left[\frac{-(\underline{d}-\underline{\underline{G}}'\underline{r}')^{\mathrm{T}}(\underline{d}-\underline{\underline{G}}'\underline{r}')}{2\sigma_n{}^2}\right]\tag{5-43}$$

式中 $\underline{d}_{NK\times1}$——观测的叠前地震道集；

σ_n^2——地震数据噪声的方差；

$\underline{\underline{G}}'$——地层模型和地震记录之间的关系。

5.2.3.2 先验分布与稀疏约束

对于反射系数正则化约束项的选择，前人已经做过许多的研究，比较常用的如 P 范数约束、Huber 约束、Sech 约束、Cauchy 约束(Vapnik，2000)等。这些约束项在寻找强反射体以及抗噪上表现出了较好的优势。然而随着高分辨率地震勘探技术向寻求复杂型、隐蔽型油气藏领域进展，不仅需要获得大幅度、体现主要层位信息的强反射体，同时还需要获得能体现隐蔽型油气藏的弱反射信息。上面提到的稀疏约束准则的缺点是它们对弱反射加有一定的压制作用，这与提高地震资料的分辨率、弄清楚薄层反射的初衷是相悖的，因此必须对这些约束进行改进，在提高资料的分辨率和不压制弱反射之间达到一个平衡，就成为至关重要的问题。

假设参数服从 Cauchy 分布，Cauchy 分布可产生稀疏反射性序列：

$$p_{\text{Cauchy}}(\underline{\boldsymbol{r}'})=\frac{\lambda_1}{(\pi\sigma)^N}\prod_{i=1}^{M}\left[\frac{1}{1+(\underline{r'_i}-\underline{\bar{r}'})^2/\sigma^2}\right] \tag{5-44}$$

式中 $\underline{\boldsymbol{r}'}$——模型数据，$\underline{\boldsymbol{r}'}=[\underline{r'_1},\ \underline{r'_2},\ \cdots,\ \underline{r'_M}]^{\mathrm{T}}$；

$\underline{\bar{\boldsymbol{r}}'}$——模型数据分布峰值位置的位置参数。

5.2.3.3 建立反演方程

用贝叶斯理论可将似然函数与先验分布结合起来：

$$p(\underline{\boldsymbol{r}'},\ \sigma_n \mid \underline{\boldsymbol{d}},\ I)=\frac{1}{\sqrt{2\pi}\sigma_n}\exp\left[\frac{-(\underline{\boldsymbol{d}}-\underline{\underline{\boldsymbol{G}'}}\underline{\boldsymbol{r}'})^{\mathrm{T}}(\underline{\boldsymbol{d}}-\underline{\underline{\boldsymbol{G}'}}\underline{\boldsymbol{r}'})}{2\sigma_n^{\ 2}}\right]\cdot\frac{\lambda_1}{(\pi\sigma)^N}\prod_{i=1}^{M}\left[\frac{1}{1+(\underline{r'_i}-\underline{\bar{r}'})^2/\sigma^2}\right]$$

$$\propto K_1K_2\cdot\exp\left[\frac{-(\underline{\boldsymbol{d}}-\underline{\underline{\boldsymbol{G}'}}\underline{\boldsymbol{r}'})^{\mathrm{T}}(\underline{\boldsymbol{d}}-\underline{\underline{\boldsymbol{G}'}}\underline{\boldsymbol{r}'})}{2\sigma_n^{\ 2}}\right]\cdot\prod_{i=1}^{M}\left[\frac{1}{1+(\underline{r'_i}-\underline{\bar{r}'})^2/\sigma^2}\right] \tag{5-45}$$

其中

$$K_1K_2=\frac{1}{(\pi\sigma)^M}\cdot\frac{1}{\sqrt{2\pi}\sigma_n}$$

应用如下的定义：

$$\frac{1}{a}=\exp\left[\ln\left(\frac{1}{a}\right)\right]=\exp[-\ln a] \tag{5-46}$$

则式(5-46)变为：

$$p(\underline{\boldsymbol{r}'}\mid\underline{\boldsymbol{d}},\ \sigma_n,\ I)\propto\exp\left[\frac{-(\underline{\boldsymbol{d}}-\underline{\underline{\boldsymbol{G}'}}\underline{\boldsymbol{r}'})^{\mathrm{T}}(\underline{\boldsymbol{d}}-\underline{\underline{\boldsymbol{G}'}}\underline{\boldsymbol{r}'})}{2\sigma_n^{\ 2}}\right]\cdot\exp\left[\sum_{i=1}^{M}-\ln(1+(\underline{r'_i}-\underline{\bar{r}'})^2/\sigma^2)\right] \tag{5-47}$$

求式(5-47)的最大值等同于求下面的最小解：

$$\min J(\underline{\boldsymbol{r}'})=\boldsymbol{J}_{\mathrm{G}}(\underline{r'})+\boldsymbol{J}_{\text{Cauchy}}(\underline{\boldsymbol{r}'})=(\underline{\boldsymbol{d}}-\underline{\underline{\boldsymbol{G}'}}\underline{\boldsymbol{r}'})^{\mathrm{T}}(\underline{\boldsymbol{d}}-\underline{\underline{\boldsymbol{G}'}}\underline{\boldsymbol{r}'})+2\sigma_n^{\ 2}\sum_{i=1}^{M}\ln(1+(\underline{r'_i}-\underline{\bar{r}'})^2/\sigma^2) \tag{5-48}$$

其中，$J_{\text{Cauchy}}(\underline{\boldsymbol{r}'})$为稀疏约束项，目标函数的偏导数是两部分的和：

$$\frac{\partial \boldsymbol{J}}{\partial r'_j}=\frac{\partial J_{\mathrm{G}}}{\partial r'_j}+\frac{\partial J_{\text{Cauchy}}}{\partial r'_j} \tag{5-49}$$

其中

$$\frac{\partial \boldsymbol{J}_{\mathrm{G}}}{\partial r'_j}=\underline{\underline{\boldsymbol{G}'}}^{\mathrm{T}}\ \underline{\underline{\boldsymbol{G}'}}\underline{\boldsymbol{r}'}-\underline{\underline{\boldsymbol{G}'}}\underline{\boldsymbol{d}}$$

$$\frac{\partial \boldsymbol{J}_{\text{Cauchy}}}{\partial r'_j}=2\frac{\sigma_n^{\ 2}}{\sigma^2}\underline{\underline{\boldsymbol{Q}\boldsymbol{r}'}} \tag{5-50}$$

$\boldsymbol{Q}$ 是一个斜对角加权矩阵，定义如下：

$$
\boldsymbol{Q}_{nn}=\begin{cases}\dfrac{1}{\left(\dfrac{r'^2_n}{2\sigma_1^2}+1.0\right)^2}, & n\leqslant N\\[2ex] \dfrac{\sigma_1^2}{\sigma_2^2}\dfrac{1}{\left(\dfrac{r'^2_n}{2\sigma_2^2}+1.0\right)^2}, & N<n\leqslant 2N\\[2ex] \dfrac{\sigma_1^2}{\sigma_3^2}\dfrac{1}{\left(\dfrac{r'^2_n}{2\sigma_3^2}+1.0\right)^2}, & 2N<n\leqslant 3N\end{cases} \tag{5-51}
$$

式(5-51)中的分母项都加上了平方，因此与传统的Cauchy分布约束不同，称之为改进的Cauchy分布约束(Youzwishen，2001)，如图5-4所示。事实上Cauchy分布和改进的Cauchy分布都可以产生稀疏的反射系数，但是改进的Cauchy分布约束在一定程度上保护了弱小反射，因而具有更高的分辨率。

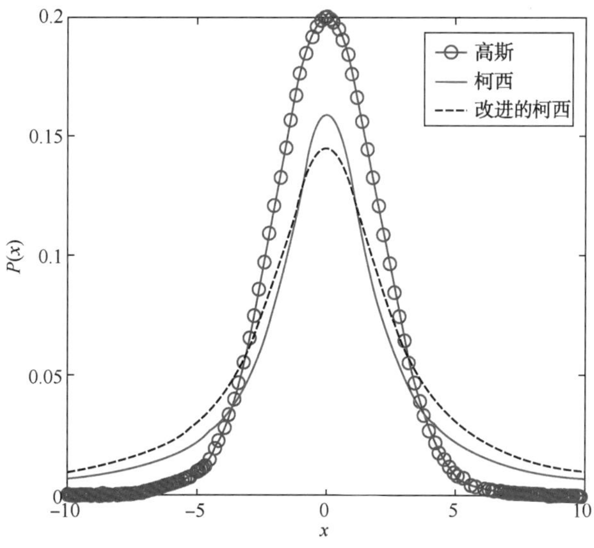

图5-4　高斯、柯西以及改进的柯西函数的概率分布曲线(均值为0，方差为4)

5.2.3.4　点约束

上面提到的反演的输出为纵波阻抗反射系数、横波阻抗反射系数和密度反射系数。由于反演结果缺少低频成分，因此它们只是相对结果。下面通过加入一定的约束条件来反演地层纵波阻抗、横波阻抗和密度的绝对值。由于地震数据缺失低频成分，因此需要用一些约束条件才能获取阻抗的唯一的稳定的解。

以纵波阻抗为例，令 $I_{\mathrm{p}}=\rho v_{\mathrm{p}}$ 为纵波波阻抗，r_{p} 为纵波阻抗反射系数，在小反射系数情况下：

$$
r_{\mathrm{p}}(t)\approx\frac{\mathrm{d}I_{\mathrm{p}}(t)}{2I_{\mathrm{p}}(t)}\approx\frac{\partial\ln[I_{\mathrm{p}}(t)]/2}{\partial t} \tag{5-52}
$$

式(5-52)相对于时间积分，可以得到相对波阻抗：

$$\frac{1}{2}\ln\frac{I_{\mathrm{P}}(t)}{I_{\mathrm{P}}(t_0)}=\int_{t_0}^{t}r_{\mathrm{P}}(\tau)\,\mathrm{d}\tau \tag{5-53}$$

式中　$I_{\mathrm{P}}(t_0)$——初始纵波波阻抗值。

该式就是将纵波波阻抗与纵波阻抗反射系数联系起来的基本公式。定义新的目标函数如下：

$$\begin{aligned}\min J(\underline{\boldsymbol{r}'})&=J_{\mathrm{G}}(\underline{\boldsymbol{r}'})+J_{\mathrm{Cauchy}}(\underline{\boldsymbol{r}'})+J_{\mathrm{P}}(\underline{\boldsymbol{r}'}_{\mathrm{P}})\\&=J_{\mathrm{G}}(\underline{\boldsymbol{r}'})+J_{\mathrm{Cauchy}}(\underline{\boldsymbol{r}'})+\alpha_P(\underline{\underline{\boldsymbol{C}}}_{\mathrm{P}}\underline{\boldsymbol{r}'}_{\mathrm{P}}-\underline{\boldsymbol{\xi}}_{\mathrm{P}})^{\mathrm{T}}(\underline{\underline{\boldsymbol{C}}}_{\mathrm{P}}\underline{\boldsymbol{r}'}_{\mathrm{P}}-\underline{\boldsymbol{\xi}}_{\mathrm{P}})\end{aligned} \tag{5-54}$$

其中

$$\underline{\xi}_{\mathrm{P}}=\frac{1}{2}\ln\frac{I_{\mathrm{p}}(t)}{I_{\mathrm{p}}(t_0)}$$

$$\underline{\underline{C}}=\int_{t_0}^{t}\mathrm{d}\tau$$

如此类推，可以得到下面的两个方程：

$$\begin{cases}\dfrac{1}{2}\ln\dfrac{I_{\mathrm{S}}(t)}{I_{\mathrm{S}}(t_0)}=\displaystyle\int_{t_0}^{t}r_{\mathrm{S}}(\tau)\,\mathrm{d}\tau\\[2ex]\dfrac{1}{2}\ln\dfrac{I_{\mathrm{d}}(t)}{I_{\mathrm{d}}(t_0)}=\displaystyle\int_{t_0}^{t}r_{\mathrm{d}}(\tau)\,\mathrm{d}\tau\end{cases} \tag{5-55}$$

最终的目标函数为：

$$\min J(\underline{\boldsymbol{r}'})=J_{\mathrm{G}}(\underline{\boldsymbol{r}'})+J_{\mathrm{Cauchy}}(\underline{\boldsymbol{r}'})+J_{\mathrm{P}}(\underline{\boldsymbol{r}'}_{\mathrm{P}})+J_{\mathrm{S}}(\underline{\boldsymbol{r}'}_{\mathrm{S}})+J_{\mathrm{d}}(\underline{\boldsymbol{r}'}_{\mathrm{d}}) \tag{5-56}$$

下面将目标函数的每一项对参数求导：

$$\frac{\partial J}{\partial r'_j}=\frac{\partial J_{\mathrm{G}}}{\partial r'_j}+\frac{\partial J_{\mathrm{Cauchy}}}{\partial r'_j}+\frac{\partial J_{\mathrm{p}}(\underline{\boldsymbol{r}'})}{\partial r'_j}+\frac{\partial J_{\mathrm{s}}(\underline{\boldsymbol{r}'})}{\partial r'_j}+\frac{\partial J_{\mathrm{d}}(\underline{\boldsymbol{r}'})}{\partial r'_j} \tag{5-57}$$

其中

$$\frac{\partial J_{\mathrm{G}}}{\partial r'_j}=\underline{\underline{\boldsymbol{G}}}'^{\mathrm{T}}\underline{\underline{\boldsymbol{G}}}'\underline{\boldsymbol{r}}'-\underline{\underline{\boldsymbol{G}}}'\underline{\boldsymbol{d}}$$

$$\frac{\partial J_{\mathrm{Cauchy}}}{\partial r'_j}=2\frac{\sigma_n{}^2}{\sigma^2}\underline{\boldsymbol{Q}}\boldsymbol{r}'$$

式中　$\boldsymbol{Q}$——一个斜对角加权矩阵。

其他三个导数的求解类似，令导数为零，可以得到下面的公式：

$$[\underbrace{\underline{\underline{\boldsymbol{G}}}'^{\mathrm{T}}\underline{\underline{\boldsymbol{G}}}'}_{(1)}+\underbrace{\theta\boldsymbol{Q}}_{(2)}+\boldsymbol{P}_3]\underline{\boldsymbol{r}}'=[\underbrace{\underline{\underline{\boldsymbol{G}}}'^{\mathrm{T}}\underline{\mathrm{d}}}_{(1)}+\boldsymbol{Q}_3] \tag{5-58}$$

其中

$$\theta=\lambda_1\frac{\varepsilon}{\sigma_1^2}=\lambda_1\frac{(\underline{\underline{\boldsymbol{G}}}'\underline{\boldsymbol{r}}'-\underline{\boldsymbol{d}})(\underline{\underline{\boldsymbol{G}}}'\underline{\boldsymbol{r}}'-\underline{\boldsymbol{d}})/N}{\sigma_1^2}$$

$$\mathrm{P}_3=\alpha_{\mathrm{p}}\underline{\underline{\boldsymbol{C}}}_{\mathrm{p}}{}'^{\mathrm{T}}\underline{\underline{\boldsymbol{C}}}_{\mathrm{p}}{}'+\alpha_{\mathrm{s}}\underline{\underline{\boldsymbol{C}}}_{\mathrm{s}}{}'^{\mathrm{T}}\underline{\underline{\boldsymbol{C}}}_{\mathrm{s}}{}'+\alpha_{\mathrm{d}}\underline{\underline{\boldsymbol{C}}}_{\mathrm{d}}{}'^{\mathrm{T}}\underline{\underline{\boldsymbol{C}}}_{\mathrm{d}}{}'$$

$$Q_3=\alpha_p \underline{\underline{C}}_p{}'^{T}\underline{\xi}_p+\alpha_s \underline{\underline{C}}_s{}'^{T}\underline{\xi}_s+\alpha_d \underline{\underline{C}}_d{}'^{T}\underline{\xi}_d$$

在式(5-58)中，部分(1)描述实际CMP道集与反演合成的CMP道集间的拟合程度或相似程度；部分(2)用来约束解的稀疏程度，即稀疏约束项；λ_1为稀疏约束的权系数；P_3和Q_3为参数点约束；α_p，α_s，α_d为点约束的权系数。方程中有两个非线性项，权系数项θ和Cauchy加权矩阵Q的计算，Q是未知参数$\underline{r}'$的函数，因此该方程是非线性的。

5.2.3.5 非线性反演求解方案

Cauchy稀疏约束的加入会使问题变成非线性反问题，因为这种非线性程度较弱，所以可采用反复重加权最小二乘法(IRLS)，以一种线性迭代的方式解决这种非线性问题(Scales&Smith，1994)。通过执行两个循环来求解该方程，内部循环用共轭梯度来计算r'，外部循环由计算θ和斜对角加权矩阵$\boldsymbol{Q}$，通常在三个到五个外部循环之后即可获得问题的解。整个反演的流程如图5-5所示。

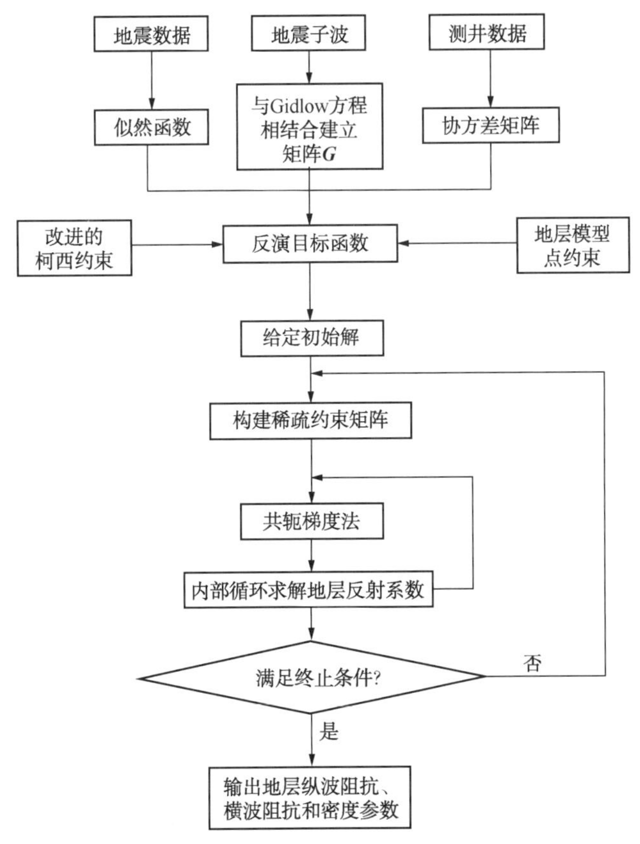

图5-5　点约束稀疏脉冲叠前反演流程图

5.2.4 叠前偏移和叠前反演

叠前偏移和叠前AVO反演是地震勘探中两个重要的技术。建立在先进的地震波理论之上的叠前深度偏移技术是地震波精确成像的重要手段，而波动方程保幅叠前深度偏移是在给出正确位置的同时也给出真实振幅的一种特殊完善。它不但可以使散射能量聚焦、归位，提高成像精度，而且可以输出正确反映地下反射系数的振幅信息，为后续的 AVO 反演分析提供更真实的地震信息，从而又建立起了地震资料处理人员与资料解释人员之间的联系(Mosher，1996)。

在构造复杂、速度纵横向变化大的区域，波动方程保幅叠前深度偏移是具有明确地质意义的精确成像方法。波动方程保幅叠前深度偏移可为 AVO 分析提供精确有效道集的优选方法，它不但可以提高构造成像精度，而且可以输出正确反映地下反射系数的共成像点道集，提高 AVO 分析的精度，从而提高油气勘探与储层预测的成功率。随着能源工业对地震勘探要求的不断提高，波动方程保幅叠前深度偏移与 AVO 反演的有机结合是地震勘探技术发展的必然趋势。

5.2.5 模型验证

5.2.5.1 一维模型

如图 5-6 所示为一地层模型，从左至右分别是纵波速度曲线、横波速度曲线和密度曲线。该模型采用完整的 Zoeppritz 方程生成反射系数，并且用 40Hz 雷克子波进行褶积生成叠前 CMP 道集，2ms 采样，信噪比为 3，如图 5-7 所示。首先由子波矩阵和 Gildlow 简化方程组成矩阵 $\boldsymbol{G}$，并计算协方差矩阵，选择合适的权系数，在经过三次外部循环后得到问题的解。

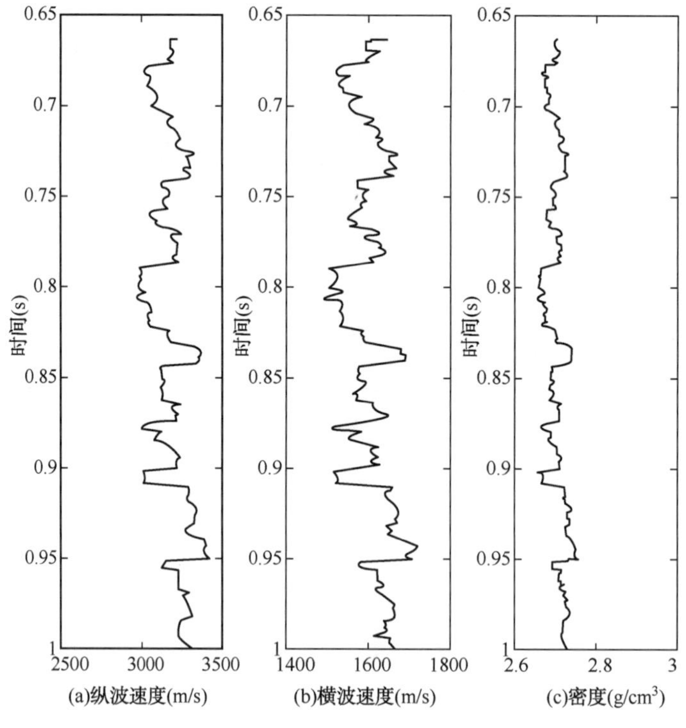

图 5-6 地层模型

图 5-8 为无点约束稀疏脉冲叠前反演的纵波阻抗、横波阻抗、密度，图 5-9 为有点约束稀疏脉冲叠前反演的纵波阻抗、横波阻抗、密度。图中的黑色实线为模型曲线，黑色虚线为反演的结果。从图中可以看出，由于反演过程中累积误差的影响，无点约束稀疏脉冲

叠前反演的效果较差，分辨率不高，特别是低频趋势反演得不好。给反演过程加上约束(图 5-9红色标号所示)再次反演，有点约束稀疏脉冲叠前反演的效果明显提高。

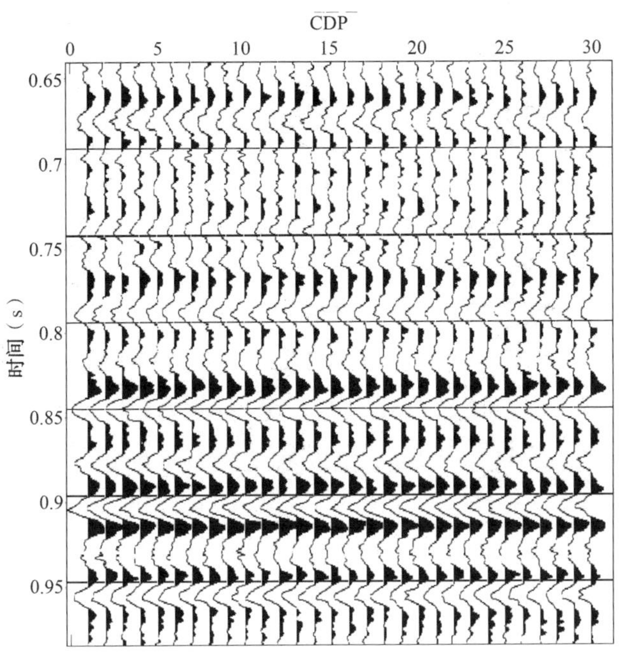

图 5-7 合成叠前 CMP 道集(SNR=3)

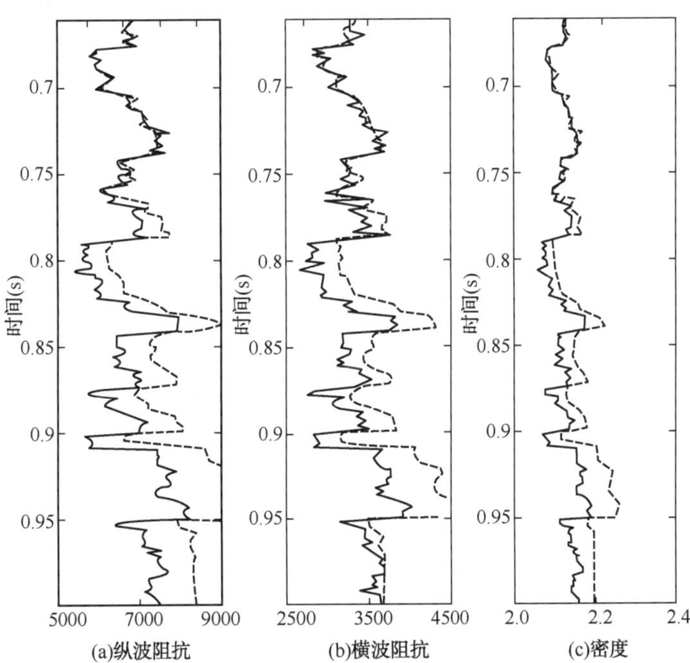

图 5-8 无点约束反演结果

(黑色实线为模型曲线，黑色虚线为反演的结果)

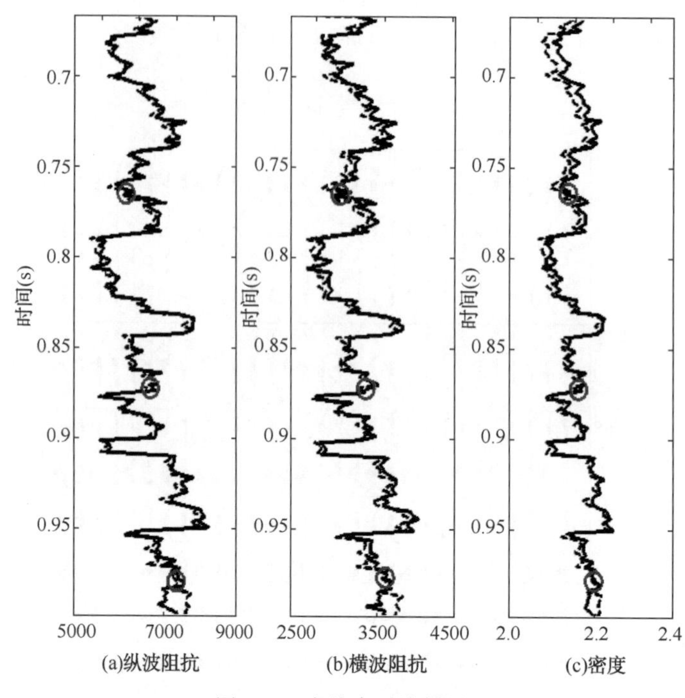

图 5-9　点约束反演结果

（红色小圆圈表示约束点，黑色实线为模型曲线，黑色虚线为反演的结果）

5.2.5.2　二维模型

（1）Marmousi 2 模型。

Marmousi 2 模型是由 Gray(2004)为研究复杂构造条件下成像方法对 AVO 分析适用性的影响而设计的，是经典 Marmousi 模型的一个升级版。图 5-12(a)、图 5-12(b)、图 5-12(c)是 Marmousi 2 模型的一部分，分别是纵波速度剖面、横波速度剖面和密度剖面。模型中有一个气层，在时间大约 1.2s，CDP 为 30~70；一个油层，在时间大约 1.8s，CDP 为 20~150。它们都表现出了低纵波速度和密度，而横波速度并没有降低的特征。叠前数据的生成，没有考虑多次波、层间转换波、几何扩散校正以及 NMO 等因素的影响。

采用完整的 Zoeppritz 方程生成反射系数，并且用 40Hz 混合相位子波(图 5-10 中的黑色曲线)进行褶积生成叠前 CMP 道集，信噪比为 4。为了说明本书提出的方法的有效性，用带噪的子波(图 5-10 中的红色虚线，SNR=4)而不是用实际子波来进行叠前 AVO 反演。图 5-12(d)、图 5-12(e)、图 5-12(f)为叠前反演结果。从图中可以看出，地层参数得到了比较完整的恢复。图 5-11 为叠前 CMP 道集与反演合成 CMP 道集对比，效果很好。

（2）模型 2。

另一个二维模型是一层状起伏介质，其中有一套薄互层和一个 10m 的薄层，通过有限差分法得到共炮点地震记录，然后对数据进行各种处理，最后得到了共成像点道集(CIP)，主频为 25Hz 左右，如图 5-13 所示。

在 CDP1202 处有一口虚拟井，但是这口井只有纵波速度，横波速度和密度都没有。井旁道数据反演结果如图 5-14 所示，图中从左到右分别是纵波阻抗、横波阻抗和密度，反演

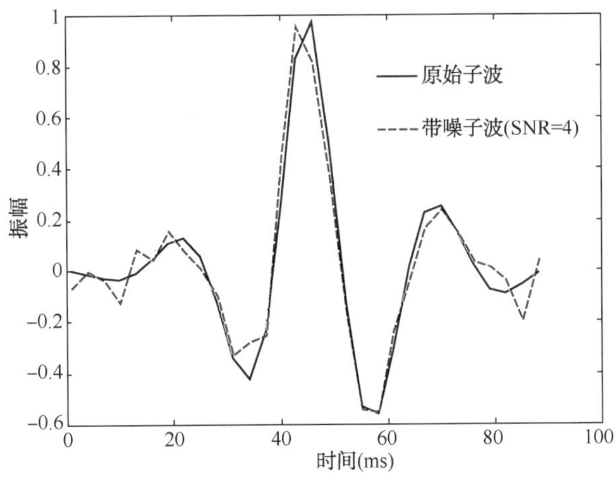

图 5-10　原始子波(黑色曲线)和反演用的带噪子波(红色虚线)

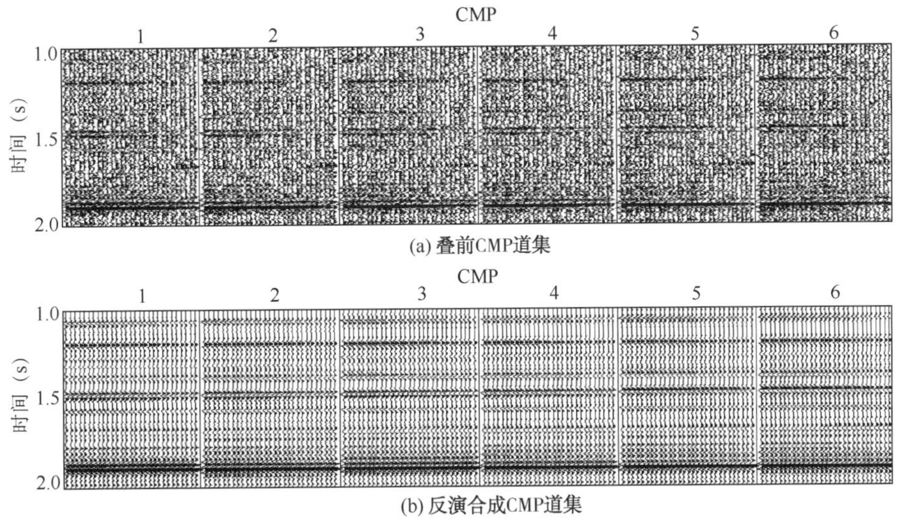

图 5-11　叠前 CMP 道集与反演合成 CMP 道集对比

效果很好。图 5-15 为井旁道叠前道集与反演合成道集的比较，它们具有很好的相似性。图 5-16是二维反演结果图，其中图 5-16(b)的纵波阻抗剖面上的薄互层比较清晰，薄层也比较明显。

5.2.6　实际应用

在进行实际叠前反演之前，叠前地震数据需要进行保幅处理，包括去除多次波、几何扩散校正、地表一致性反褶积、振幅补偿等，并假设处理后的层间多次波、转换波以及各向异性的影响可以忽略不计(Buland 等，2003)。地震数据还要经过叠前偏移处理，去掉与地层倾角有关的因素，在经过偏移后每一个 CIP 道集可以看成是一维地层的响应。

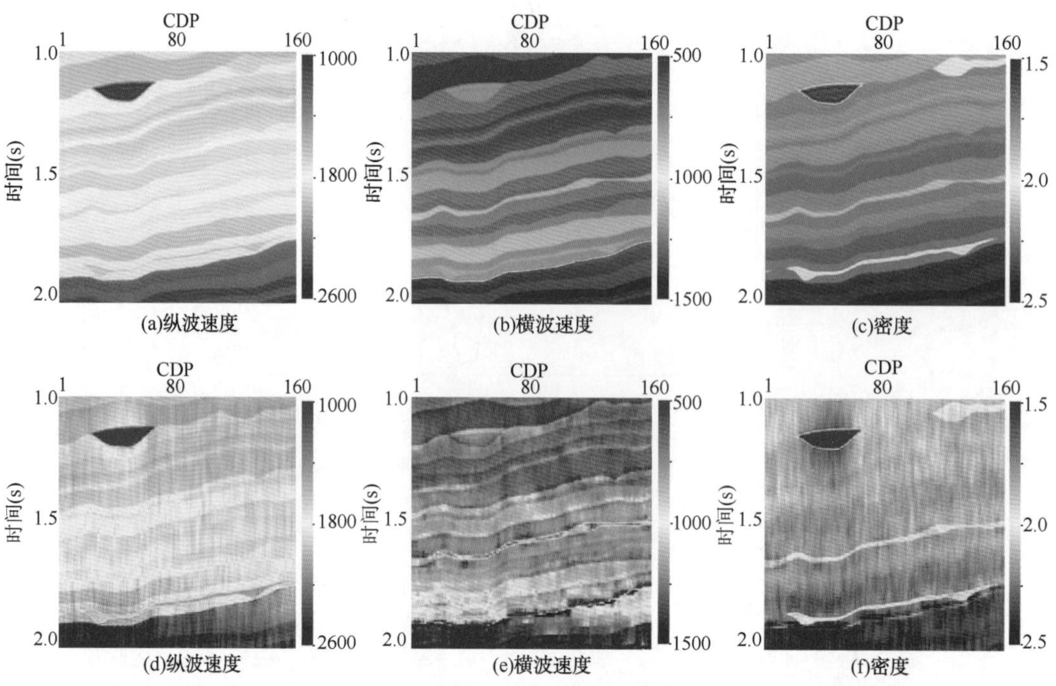

图 5-12 二维地层模型(上图)与 PCSS-PI 叠前反演结果(下图)

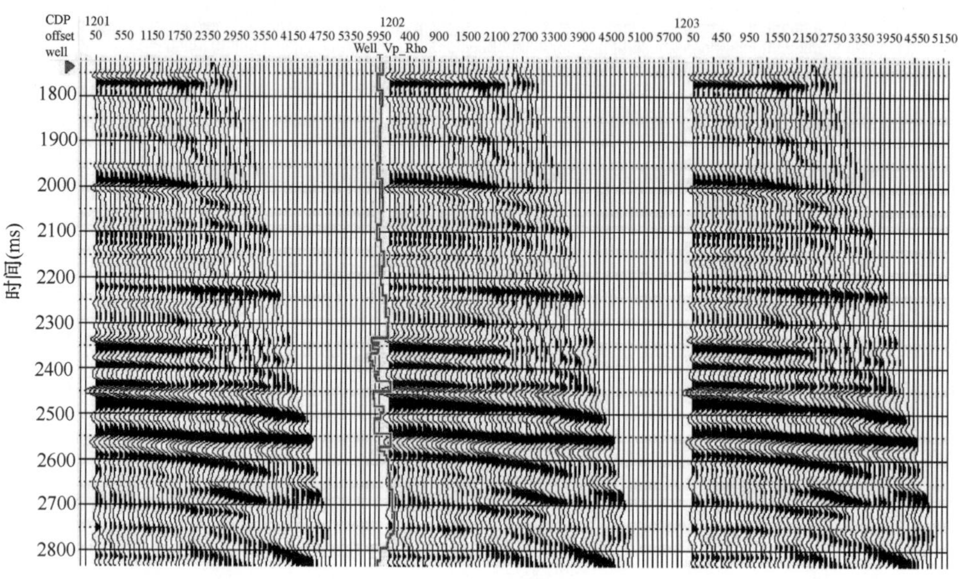

图 5-13 叠前 CIP 道集

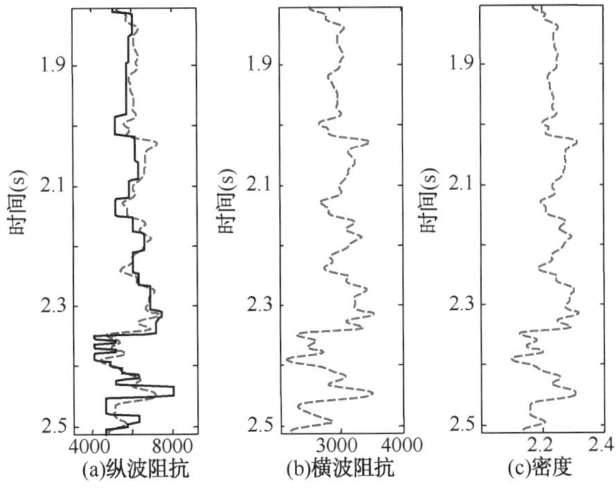

图 5-14　井旁道数据反演结果

（黑色为模型曲线，红色虚线为反演结果）

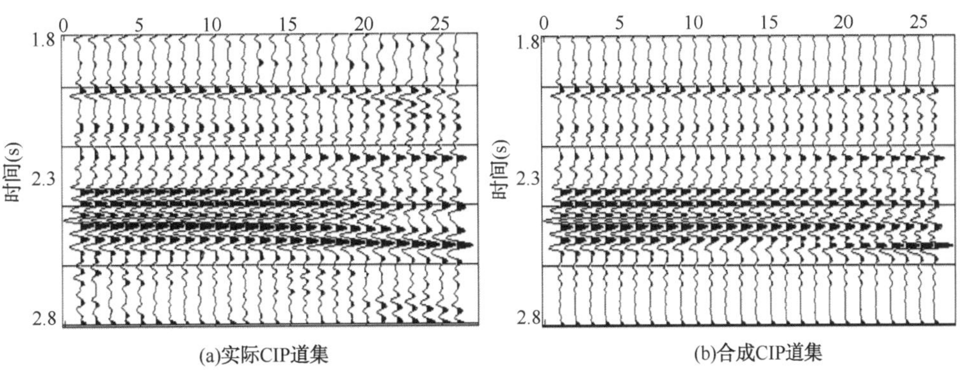

图 5-15　实际道集与反演合成道集比较

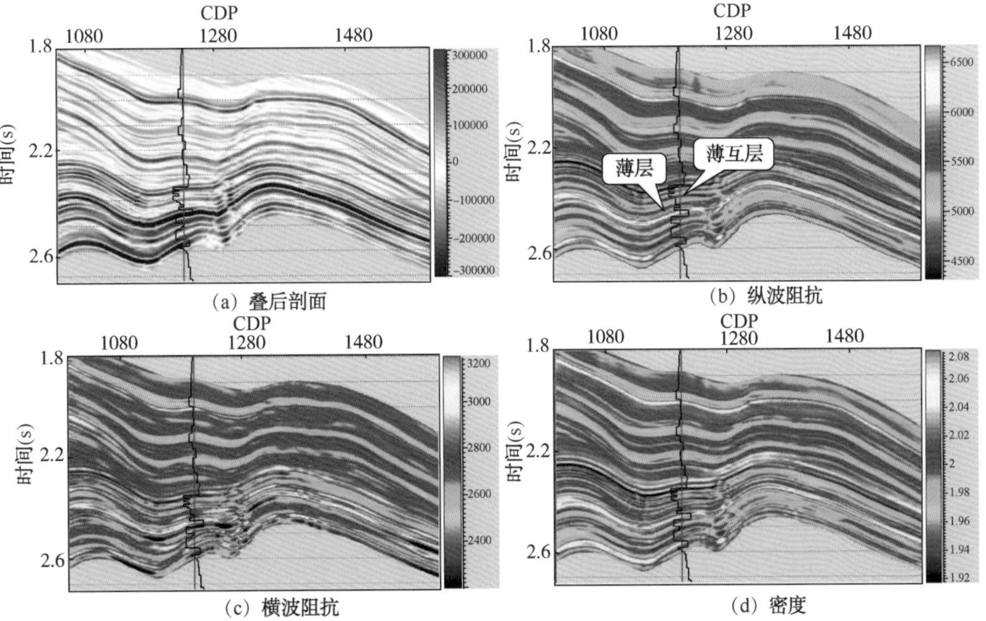

图 5-16　PCSS-PI 叠前反演结果

5.2.6.1 点约束与稀疏约束选取原则

对于点约束的点是怎么选取的，并没有什么规则可言，也是通过尝试不同位置的点和不同数量的点对反演进行约束。如果约束点的数量较多，那么约束的权值应给的小一点；如果约束点的数量少，那么约束的权值应给的大一点。但是一般来说，模型的第一个点和最后一个点是要考虑的。当模型的所有点都用上时，该方法类似于基于模型的反演，但是与模型反演又是不完全相同的。基于模型的反演方法受模型的影响比较大，且分辨率会比较低，而点约束反演方法受模型影响的程度小。点约束稀疏脉冲反演方法的优点是可以控制模型对反演结果的影响，在稳定性和分辨率之间寻求一个平衡，这是该方法的最大优点。

对于稀疏约束的选取，一般是有规则可言的。对于信噪比较高的资料来说，在反演过程中稀疏约束权系数 λ_1 的选取应尽量小一些，甚至可以为零。而对于信噪比较低的资料来说，参数 λ_1 应选的大一些。如果太小，不但反演结果不稳定，而且反演结果的方差比较大，即反演结果不精确。

总而言之，在反演过程中要根据地震资料的实际情况选择合适的点约束与稀疏约束项，不断调整反演结果，最终可以得到合理的叠前反演结果。

5.2.6.2 应用一

部分叠前 CMP 道集共有 131 道，2ms 采样。在 CDP330 处有一口井，包括纵波速度、密度曲线，没有横波资料。反演过程中，令横波纵波比 $\bar{\gamma}$ 等于 0.5，稀疏约束项 λ_1 等于 3，α_{PS}等于 0.001，α_{Pd}等于 0.05，α_{Sd}等于零，协方差矩阵由测井曲线得到。图 5-17 为井旁道叠前反演结果，长方形框内是气藏位置，纵波阻抗和密度降低二横波阻抗并没有降低，可以看出反演效果非常好。图 5-18 为井旁道叠前 CMP 道集与反演合成 CMP 道集的比较，它们具有很好的相似性。

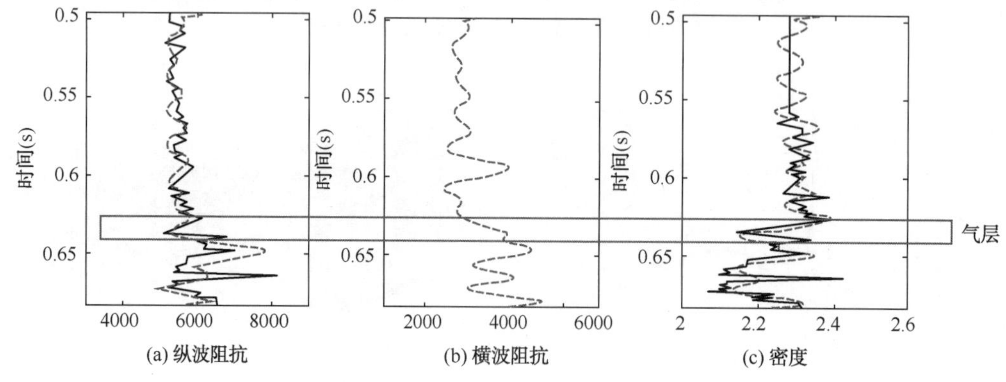

图 5-17 井旁道数据反演结果

（黑色实线为实际井曲线，黑色虚线为反演结果）

图 5-19 是二维 PCSS-PI 反演结果，白色箭头所指为气藏的位置。对于纵波阻抗，剖面是一个亮点；对于横波阻抗，剖面是个暗点，为明显的气藏特征。

5.2.6.3 应用二

某油田部分实际叠前 CMP 道集如图 5-20(a) 所示，选取时间在 9.0—1.3s 之间数据进行点约束稀疏脉冲叠前反演并合理设定参数，协方差矩阵由测井曲线得到，图 5-21 中的红

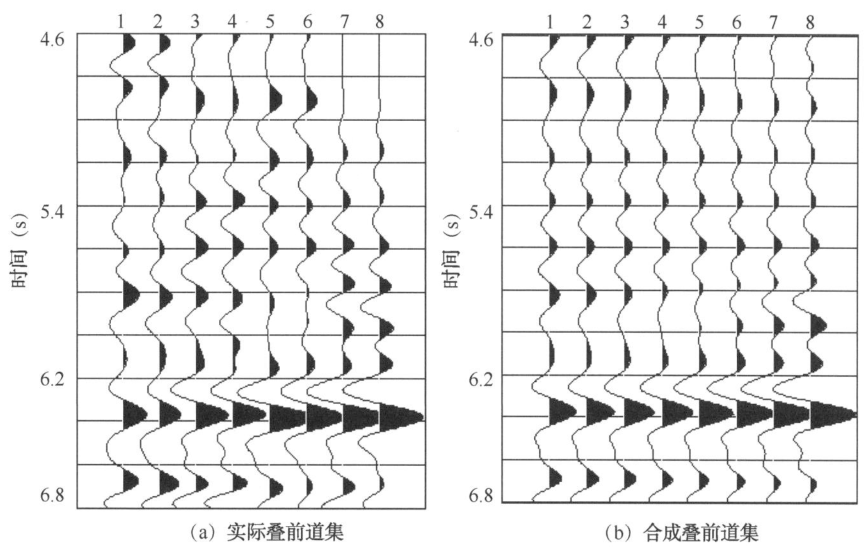

（a）实际叠前道集　　（b）合成叠前道集

图 5-18　实际道集与反演合成道集比较

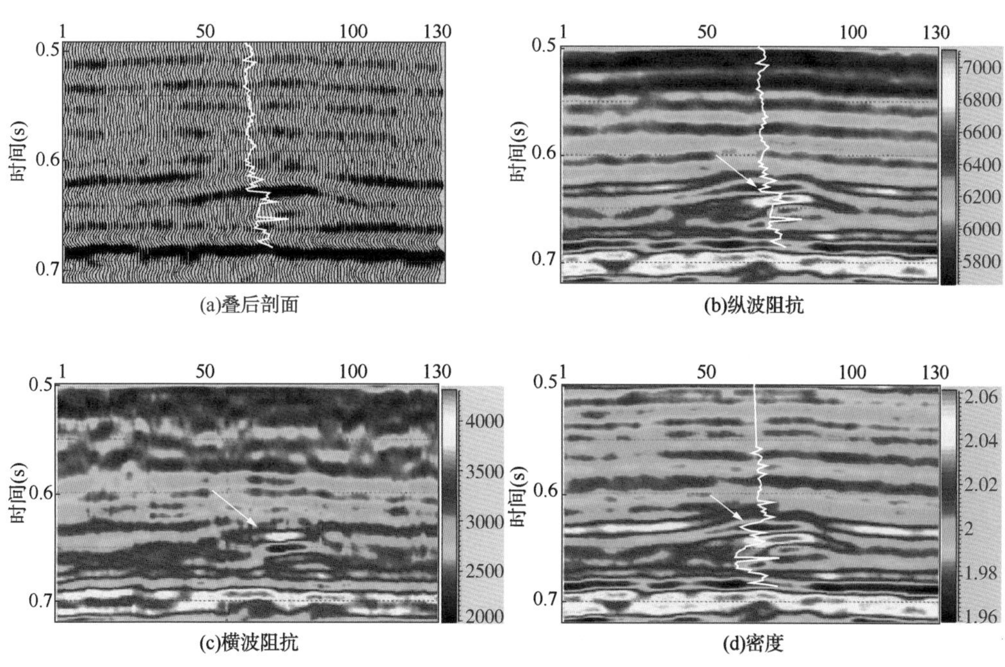

(a)叠后剖面　　(b)纵波阻抗

(c)横波阻抗　　(d)密度

图 5-19　PCSS-PI 叠前反演结果

色虚线为反演中用到的背景速度。反演结果如图 5-22 所示，图中的黑色曲线分别为纵波速度曲线、横波速度曲线和密度测井曲线，椭圆显示了异常区域，图 5-22(a)椭圆内地层的纵波阻抗明显降低，图 5-22(c)椭圆内地层的密度也降低，而图 5-22(b)椭圆内地层的横波阻抗几乎没有降低。图 5-20 为第 56~61 道的实际叠前 CMP 数据与反演合成 CMP 数据比较，它们之间非常相似。

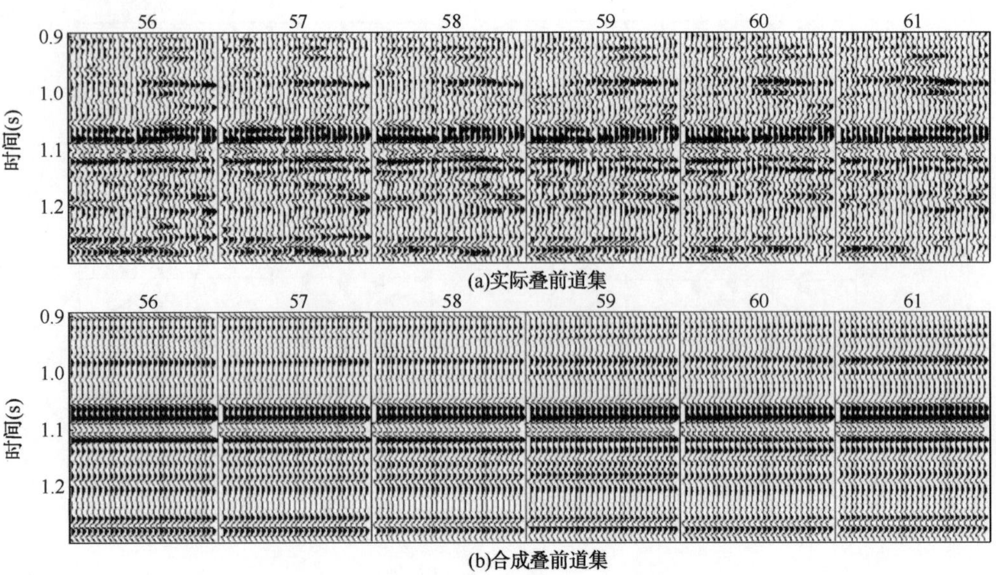

图 5-20　实际叠前道集与合成叠前道集比较

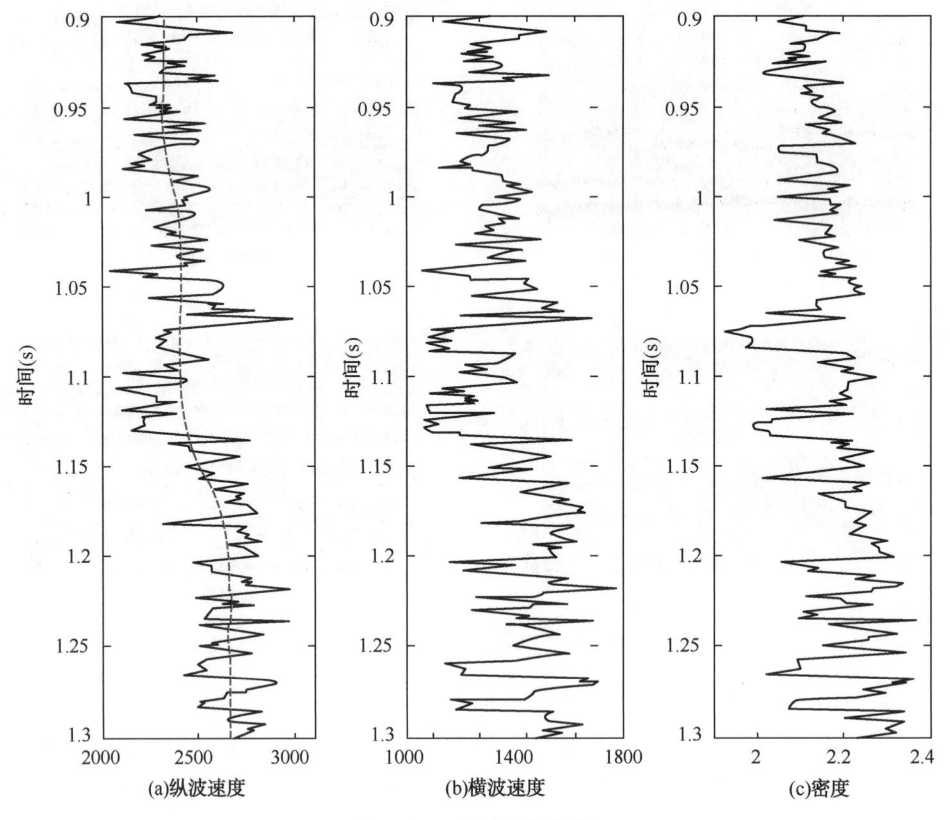

图 5-21　实际测井数据

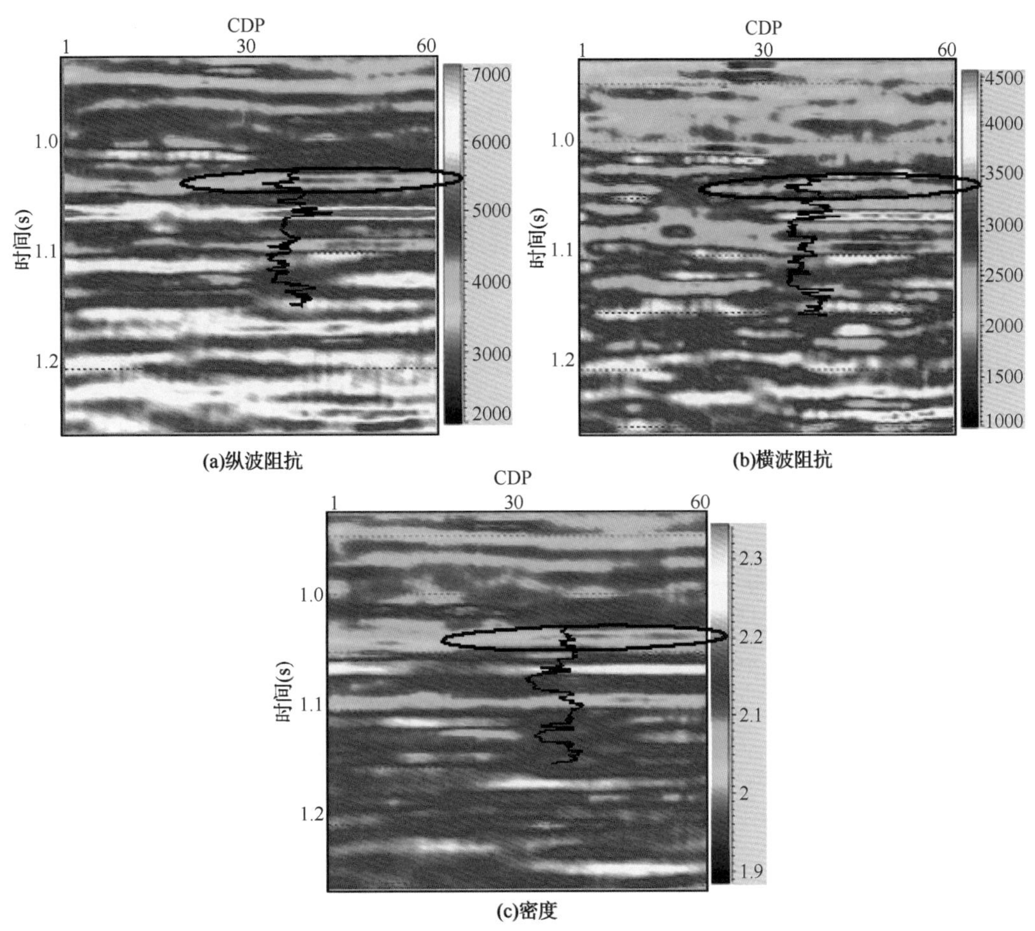

图 5-22　PCSS-PI 叠前反演结果

5.2.6.4　应用三

实际资料来自内陆某勘探工区，工区目标层段油气主要分布在古近系的馆陶组，馆陶组地层埋藏较浅，一般为 800~1400m，地震数据的分辨率较高，但是信噪比不高，增加了反演的难度。工区有纵测线和横测线各 400 条，面积约 100km^2，这里使用的数据为角道集部分叠加数据，有三个角度，对层间数据进行三维叠前反演，时间在 200~300ms。

Line1131 线的反演结果如图 5-23 所示，测井曲线以变密度显示叠合在反演剖面上，图中的白色箭头处标出了两套油层的位置。可以看出，油层 1 相应地层的纵波阻抗明显降低，地层的密度也降低，而相应地层的横波阻抗并没有明显的降低。油层 2 相应地层的纵波阻抗明显降低，地层的密度也降低，相应地层的横波阻抗没有降低，反而有点升高，具有油藏的典型特征，而且反演的井旁道和测井曲线对应得很好。

图 5-24 是三个反演数据体的沿层切片，图 5-24(a)、图 5-24(b)、图 5-24(c)分别是油层 1 位置处纵波阻抗、横波阻抗和密度反演结果的沿层切片，白色箭头指出了油层的位置，图中图 5-24(d)、图 5-24(e)、图 5-24(f)分别是油层 2 位置处纵波阻抗、横波阻抗和密度反演结果的沿层切片。

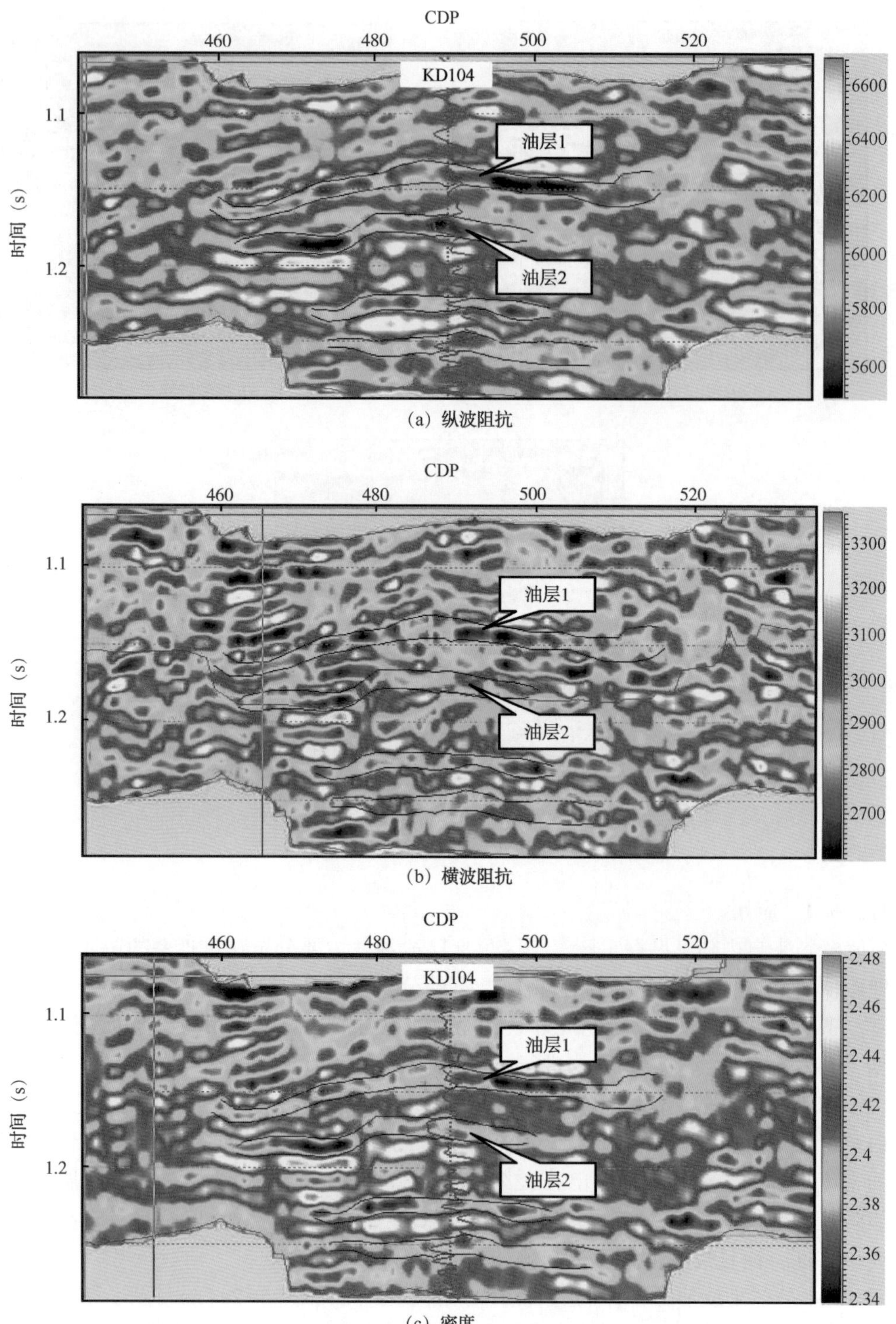

（a）纵波阻抗

（b）横波阻抗

（c）密度

图 5-23　PCSS-PI 叠前反演结果

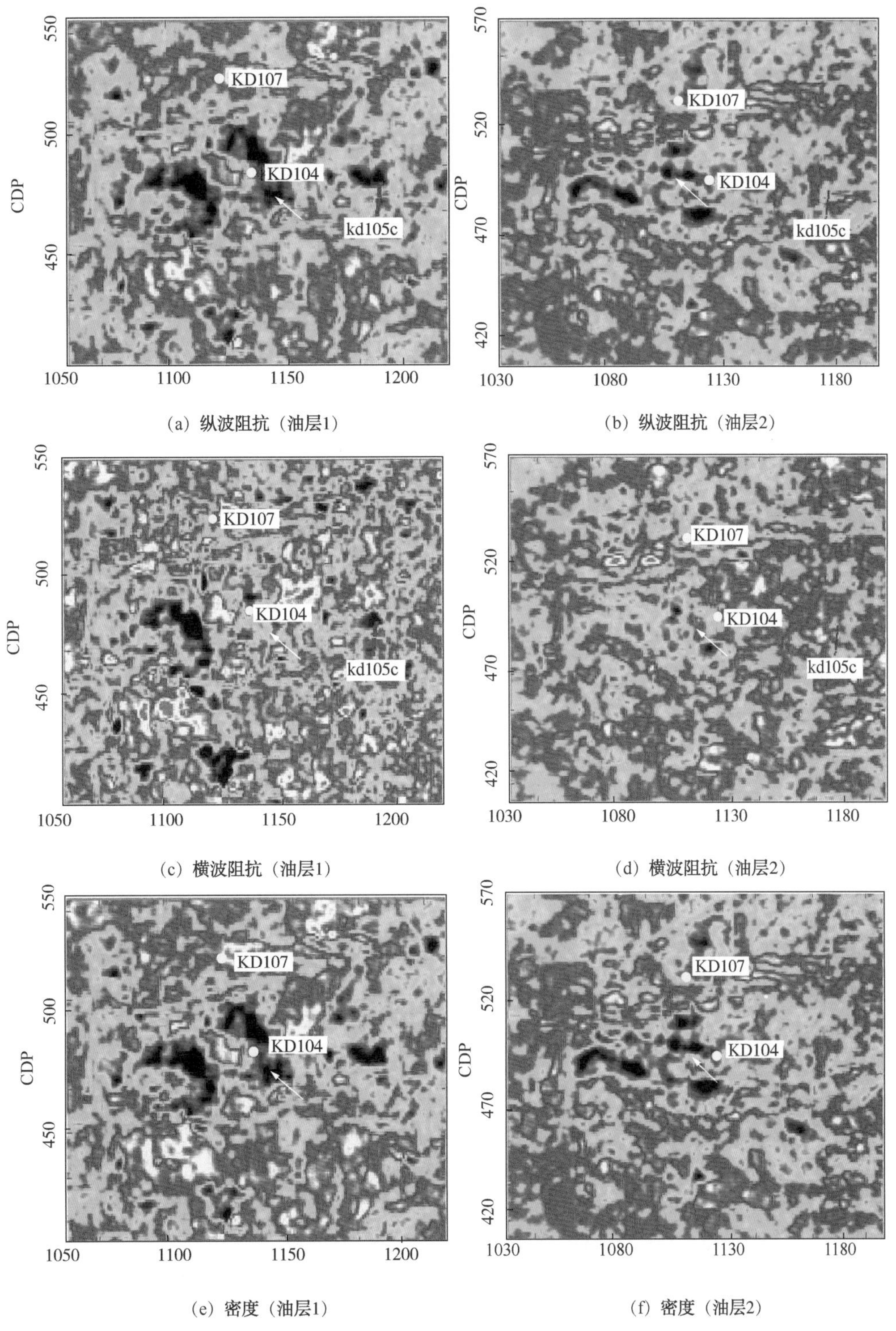

(a) 纵波阻抗（油层1）　(b) 纵波阻抗（油层2）

(c) 横波阻抗（油层1）　(d) 横波阻抗（油层2）

(e) 密度（油层1）　(f) 密度（油层2）

图 5-24　PCSS-PI 叠前反演数据体沿层切片

5.2.7 纵、横波阻抗，密度和其他参数间的关系

在进行叠前反演时往往采用那些物理意义明确，反演过程稳定的参数，Downton(2005)在他的研究论文中指出纵、横波阻抗的反演结果要比纵、横波速度的反演结果稳定，这就是本书选用纵波阻抗、横波阻抗和密度来作为反演结果的原因。但是在有些情况下，需要采用特定的参数来识别储层流体的特定性质，如纵波速度、横波速度、泊松比、λ、μ 等。这里仅仅介绍纵、横波阻抗，密度和纵、横波速度，密度以及泊松比之间的关系。

5.2.7.1 与纵横波速度、密度间的关系

用 α 和 β 分别表示纵波速度和横波速度，纵波阻抗定义为：

$$I_P = V_P \rho \tag{5-59}$$

式(5-59)两边取微分：

$$dI_P = \frac{\partial I_P}{\partial V_P} \cdot dV_P + \frac{\partial I_P}{\partial \rho} \cdot d\rho = \rho \cdot dV_P + V_P \cdot d\rho \tag{5-60}$$

进一步可以得到：

$$\frac{\Delta I_P}{\bar{I}_P} = \frac{\Delta V_P}{\bar{V}_P} + \frac{\Delta \rho}{\bar{\rho}} \tag{5-61}$$

则纵波阻抗反射系数、纵波速度反射系数、速度反射系数的关系如下：

$$R_P = R_\alpha + R_d \tag{5-62}$$

式中 R_P——纵波阻抗反射系数；

R_α——纵波速度反射系数；

R_d——密度反射系数。

同理，用 R_S 表示横波阻抗反射系数，则：

$$R_S = R_\beta + R_d \tag{5-63}$$

最终，波阻抗反射系数与速度反射系数、密度之间的关系为：

$$\begin{bmatrix} R_P \\ R_S \\ R_d \end{bmatrix} = \begin{bmatrix} 1 & 0 & 1 \\ 0 & 1 & 1 \\ 0 & 0 & 1 \end{bmatrix} \begin{bmatrix} R_\alpha \\ R_\beta \\ R_d \end{bmatrix} \tag{5-64}$$

如果将式(5-64)的右边部分 $\begin{bmatrix} 1 & 0 & 1 \\ 0 & 1 & 1 \\ 0 & 0 & 1 \end{bmatrix} \begin{bmatrix} R_\alpha \\ R_\beta \\ R_d \end{bmatrix}$ 取代公式(5-25)中的待求参数，就可以得到纵波速度、横波速度和密度反演结果。

5.2.7.2 与泊松比、密度间的关系

泊松比的计算公式为：

$$\sigma = \frac{\frac{1}{2} - \gamma^2}{1 - \gamma^2} \tag{5-65}$$

则：

$$\gamma^2=\frac{\frac{1}{2}-\sigma}{1-\sigma} \tag{5-66}$$

将式(5-66)两边取微分：

$$2\gamma\mathrm{d}\gamma=\left[\frac{\left(-\frac{1}{2}\right)}{(1-\sigma)^2}\right]\mathrm{d}\sigma \tag{5-67}$$

两边除以 σ：

$$\frac{\gamma\mathrm{d}\gamma}{\sigma}=-\frac{1}{4}\left[\frac{1}{(1-\sigma)^2}\right]\frac{\mathrm{d}\sigma}{\sigma} \tag{5-68}$$

将方程 $\sigma=\dfrac{\frac{1}{2}-\gamma^2}{1-\gamma^2}$代入式(5-68)并简化得到：

$$\frac{\mathrm{d}\sigma}{\sigma}=\frac{2}{3-2\gamma^2-\frac{1}{\gamma^2}}\left[\frac{\mathrm{d}\alpha}{\alpha}-\frac{\mathrm{d}\beta}{\beta}\right] \tag{5-69}$$

因此，得到泊松比反射系数与速度反射系数的关系式为：

$$R_\sigma=\frac{2}{3-2\gamma^2-\frac{1}{\gamma^2}}[R_\alpha-R_\beta] \tag{5-70}$$

式中 R_σ——泊松比反射系数。

速度反射系数与泊松比反射系数、密度反射系数之间的关系为：

$$\begin{bmatrix}R_\sigma\\R_d\end{bmatrix}=\begin{bmatrix}\frac{2}{3-2\gamma^2-\frac{1}{\gamma^2}} & -\frac{2}{3-2\gamma^2-\frac{1}{\gamma^2}} & 0\\0 & 0 & 0\end{bmatrix}\begin{bmatrix}R_\alpha\\R_\beta\\R_d\end{bmatrix} \tag{5-71}$$

最终，波阻抗反射系数与泊松比反射系数、密度反射系数之间的关系为：

$$\begin{bmatrix}R_\sigma\\R_d\end{bmatrix}=\begin{bmatrix}\frac{2}{3-2\gamma^2-\frac{1}{\gamma^2}} & -\frac{2}{3-2\gamma^2-\frac{1}{\gamma^2}} & 0\\0 & 0 & 0\end{bmatrix}\cdot\begin{bmatrix}1 & 0 & 1\\0 & 1 & 1\\0 & 0 & 1\end{bmatrix}^{-1}\begin{bmatrix}R_\mathrm{P}\\R_\mathrm{S}\\R_d\end{bmatrix} \tag{5-72}$$

5.3 非线性二次规划叠前反演

本书提出了一种非线性二次规划叠前反演的方法(Non-linear Quadratic Programming Prestack Inversion，NQP_ PI)。该方法首先基于贝叶斯参数估计理论，假设似然函数服从高斯分布，待反演的参数服从改进的 Cauchy 分布，从而得到稀疏的反射稀疏序列；其次用协方差矩阵来描述参数间的相关程度，并用参数之间的岩石物理关系对反演结果进行约束；最后将问题转化为一个求解非线性二次规划的问题，从而使反演的结果更加准确可靠。反演过程中通过有限的几步迭代来求解非线性二次规划的问题，反演结果准确可靠且抗噪能力强。首先通过理论分析建立起反演的非线性二次规划目标函数，然后通过模型验证了该方法的有效性，最后用于处理实际的叠前地震数据。

5.3.1 建立反演方程

反演中所用的正演模型、参数协方差矩阵、似然函数等与5.2节类似，就不再赘述。用贝叶斯理论可将似然函数与先验分布结合起来：

$$P(\underline{r}',\ \sigma_n \mid \underline{d},\ I)=\frac{1}{\sqrt{2\pi}\sigma_n}\exp\left[\frac{-(\underline{d}-\underline{\underline{G}}'\underline{r}')^{\mathrm{T}}(\underline{d}-\underline{\underline{G}}'\underline{r}')}{2\sigma_n^2}\right]\cdot\frac{\lambda_1}{(\pi\sigma)^N}\prod_{i=1}^{M}\left[\frac{1}{1+(\underline{r}_i'-\bar{\underline{r}}')^2/\sigma^2}\right]$$

$$\propto K_1K_2\cdot\exp\left[\frac{-(\underline{d}-\underline{\underline{G}}'\underline{r}')^{\mathrm{T}}(\underline{d}-\underline{\underline{G}}'\underline{r}')}{2\sigma_n{}^2}\right]\cdot\prod_{i=1}^{M}\left[\frac{1}{1+(\underline{r}_i'-\bar{\underline{r}}')^2/\sigma^2}\right]\tag{5-73}$$

将式(5-73)进一步变为：

$$p(\underline{r}'\mid\underline{d},\ \sigma_n,\ I)\propto\exp\left[\frac{-(\underline{d}-\underline{\underline{G}}'\underline{r}')^{\mathrm{T}}(\underline{d}-\underline{\underline{G}}'\underline{r}')}{2\sigma_n{}^2}\right]\cdot\exp\left[\sum_{i=1}^{M}-\ln(1+(\underline{r}_i'-\bar{\underline{r}}')^2/\sigma^2)\right]\tag{5-74}$$

求式(5-74)的最大值等同于求下面的最小解：

$$\min J(\underline{r}')=J_G(\underline{r}')+J_{\mathrm{Cauchy}}(\underline{r}')=(\underline{d}-\underline{\underline{G}}'\underline{r}')^{\mathrm{T}}(\underline{d}-\underline{\underline{G}}'\underline{r}')+2\sigma_n^2\sum_{i=1}^{M}\ln(1+(\underline{r}_i'-\bar{\underline{r}}')^2/\sigma^2)\tag{5-75}$$

式中 $J_{\mathrm{Cauchy}}(\underline{r}')$——稀疏约束项。

5.3.1.1 岩石物理关系约束

地层的纵波阻抗反射系数、横波阻抗反射系数和密度反射系数之间并不是独立的，一般认为它们之间的关系近似线性，但是不同区块，不同岩性的岩石往往也不相同。以纵波阻抗反射系数和横波阻抗反射系数为例，通过最小二乘法，利用波阻抗和横波阻抗测井曲线拟合出一条直线：

$$R_{\mathrm{p}}=l_{\mathrm{ps}}\cdot R_{\mathrm{s}}+m_{\mathrm{ps}}\tag{5-76}$$

式中 l_{ps}——直线的斜率；

m_{ps}——直线的截距。

对目标函数(5-75)加入式(5-76)纵波阻抗反射系数和横波阻抗反射系数间关系的约束项：

$$\min J(\underline{r}')=J_{\mathrm{G}}(\underline{r}')+J_{\mathrm{Cauchy}}(\underline{r}')+J_{\mathrm{ps}}(\underline{r}')\tag{5-77}$$

其中

$$J_{\mathrm{ps}}(\underline{r}')=\alpha_{\mathrm{ps}}(\underline{\underline{L}}_{\mathrm{ps}}\underline{r}'-\underline{m}_{\mathrm{ps}})^{\mathrm{T}}(\underline{\underline{L}}_{\mathrm{ps}}\underline{r}'-\underline{m}_{\mathrm{ps}})$$

最后将纵波阻抗反射系数与密度反射系数、横波阻抗反射系数与密度反射系数之间的岩石物理关系约束考虑在内：

$$\begin{cases} R_{\mathrm{p}}=l_{pd}\cdot R_d+m_{pd} \\ R_{\mathrm{s}}=l_{sd}\cdot R_d+m_{sd} \end{cases} \tag{5-78}$$

最终的目标函数为：

$$\min J(\underline{\boldsymbol{r}'})=J_{\mathrm{G}}(\underline{\boldsymbol{r}'})+J_{\mathrm{Cauchy}}(\underline{\boldsymbol{r}'})+J_{\mathrm{ps}}(\underline{\boldsymbol{r}'})+J_{\mathrm{p}d}(\underline{\boldsymbol{r}'})+J_{\mathrm{s}d}(\underline{\boldsymbol{r}'}) \tag{5-79}$$

下面将目标函数的每一项对参数求导：

$$\frac{\partial J}{\partial r_j'}=\frac{\partial J_{\mathrm{G}}}{\partial r_j'}+\frac{\partial J_{\mathrm{Cauchy}}}{\partial r_j'}+\frac{\partial J_{\mathrm{PS}}(\underline{r'})}{\partial r_j'}+\frac{\partial J_{\mathrm{Pd}}(\underline{r'})}{\partial r_j'}+\frac{\partial J_{\mathrm{Sd}}(\underline{r'})}{\partial r_j'} \tag{5-80}$$

其中

$$\begin{cases} \dfrac{\partial J_{\mathrm{G}}}{\partial r_j'}=\underline{\underline{\boldsymbol{G}'}}^{\mathrm{T}}\underline{\underline{\boldsymbol{G}'}}\underline{r'}-\underline{\underline{\boldsymbol{G}'}}\underline{\boldsymbol{d}} \\ \dfrac{\partial J_{\mathrm{Cauchy}}}{\partial r_j'}=2\dfrac{\sigma_n^2}{\sigma^2}\boldsymbol{Q}\underline{r'} \end{cases}$$

其他三个导数的求解类似，就不再赘述。令导数为零，可以得到下面的公式：

$$\begin{aligned} &[\underbrace{\underline{\underline{G}}'^{\mathrm{T}}\underline{\underline{G}}'}_{(1)}+\underbrace{\theta\underline{Q}_{\mathrm{c}}}_{(2)}+\underbrace{\alpha_{\mathrm{ps}}\underline{\underline{L}}'^{\mathrm{T}}_{\mathrm{ps}}\underline{\underline{L}}'_{\mathrm{ps}}+\alpha_{\mathrm{pd}}\underline{\underline{L}}'^{\mathrm{T}}_{\mathrm{pd}}\underline{\underline{L}}'_{\mathrm{pd}}+\alpha_{\mathrm{sd}}\underline{\underline{L}}'^{\mathrm{T}}_{\mathrm{sd}}\underline{\underline{L}}'_{\mathrm{sd}}}_{(3)}]\cdot\underline{r'} \\ &=[\underbrace{\underline{\underline{G}}'^{\mathrm{T}}\underline{d}}_{(1)}+\underbrace{\alpha_{\mathrm{ps}}\underline{\underline{L}}'^{\mathrm{T}}_{\mathrm{ps}}\underline{m}_{\mathrm{ps}}+\alpha_{\mathrm{pd}}\underline{\underline{L}}'^{\mathrm{T}}_{\mathrm{pd}}\underline{m}_{\mathrm{pd}}+\alpha_{\mathrm{sd}}\underline{\underline{L}}'^{\mathrm{T}}_{\mathrm{sd}}\underline{m}_{\mathrm{sd}}}_{(3)}] \end{aligned} \tag{5-81}$$

在式(5-81)中，部分(1)描述实际CMP道集与模型生成的CMP道集间的拟合程度，部分(2)用来约束解的稀疏程度，部分(3)为参数间的岩石物理关系约束。方程中有两个非线性项，权系数项 θ 的估计和Cauchy加权矩阵 $\boldsymbol{Q}$ 的计算，$\boldsymbol{Q}$ 是未知参数 $\underline{\boldsymbol{r}'}$ 的函数，因此该方程是非线性的。

5.3.1.2　非线性二次规划模型

将式(5-81)简记为：

$$A(\underline{\boldsymbol{r}'})\cdot\underline{\boldsymbol{r}'}=\boldsymbol{b} \tag{5-82}$$

通常来说，在给定初值的情况下应用共轭梯度法循环迭代求解该公式，就可以得到问题的解。但是这样会出现反演结果不稳定的现象，特别是信噪比很低的叠前数据，对于二维叠前反演结果的连续性就会很差。下面通过将该问题转化为一个非线性二次规划的问题，得到下面的公式：

$$\begin{aligned} &\min\frac{1}{2}[A(\underline{\boldsymbol{r}'})\cdot\underline{\boldsymbol{r}'}-\boldsymbol{b}]^{\mathrm{T}}[A(\underline{\boldsymbol{r}'})\cdot\underline{\boldsymbol{r}'}-\boldsymbol{b}] \\ &s.t. \\ &\boldsymbol{\xi}_{\mathrm{down}}\leqslant CV\cdot\underline{\boldsymbol{r}'}\leqslant\boldsymbol{\xi}_{\mathrm{up}} \\ &\boldsymbol{r}_{\mathrm{down}}\leqslant\boldsymbol{V}\cdot\underline{\boldsymbol{r}'}\leqslant\boldsymbol{r}_{\mathrm{up}} \end{aligned} \tag{5-83}$$

进一步整理得到：

$$\min \frac{1}{2}\underline{\boldsymbol{r}}'^{\mathrm{T}} \cdot [A(\underline{\boldsymbol{r}}')^{\mathrm{T}} \cdot A(\underline{\boldsymbol{r}}')] \cdot \underline{\boldsymbol{r}}' - \boldsymbol{b}^{\mathrm{T}} \cdot A(\underline{\boldsymbol{r}}') \cdot \underline{\boldsymbol{r}}'$$

$s.t.$

$$\begin{aligned} \boldsymbol{CV} \cdot \underline{\boldsymbol{r}}' &\leqslant \boldsymbol{\xi}_{\mathrm{up}} \\ -\boldsymbol{CV} \cdot \underline{\boldsymbol{r}}' &\leqslant -\boldsymbol{\xi}_{\mathrm{down}} \\ \boldsymbol{V} \cdot \underline{\boldsymbol{r}}' &\leqslant \boldsymbol{r}_{\mathrm{up}} \\ -\boldsymbol{V} \cdot \underline{\boldsymbol{r}}' &\leqslant -\boldsymbol{r}_{\mathrm{down}} \end{aligned} \tag{5-84}$$

式中 $\boldsymbol{\xi}_{\mathrm{up}}$——反演结果的上限，即反演的阻抗和密度要小于 $\boldsymbol{\xi}_{\mathrm{up}}$；

$\boldsymbol{\xi}_{\mathrm{down}}$——反演结果的下限；

$\boldsymbol{r}_{\mathrm{up}}$，$\boldsymbol{r}_{\mathrm{down}}$——反射系数的取值范围。

可以看出，由于 $A(\underline{\boldsymbol{r}}')$ 含有未知的参数，因此该二次规划问题属于非线性的，通过循环迭代求解问题(5-84)，在得到 $\underline{\boldsymbol{r}}'$ 之后，再通过式(5-85)就得到了最终的反演结果：

$$\begin{cases} I_{\mathrm{P}}(t) = I_{\mathrm{P}}(t_0) \cdot \exp[2 \cdot \int_{t_0}^{t} r_{\mathrm{P}}(\tau)\mathrm{d}\tau] \\ I_{\mathrm{S}}(t) = I_{\mathrm{S}}(t_0) \cdot \exp[2 \cdot \int_{t_0}^{t} r_{\mathrm{S}}(\tau)\mathrm{d}\tau] \\ D_d(t) = D_d(t_0) \cdot \exp[2 \cdot \int_{t_0}^{t} r_d(\tau)\mathrm{d}\tau] \end{cases} \tag{5-85}$$

式中 $I_{\mathrm{P}}(t)$——纵波阻抗；

$I_{\mathrm{S}}(t)$——横波阻抗；

$D_d(t)$——密度参数。

5.3.2 模型验证

如图 5-25 所示为一地层模型，采用完整的 Zoeppritz 方程生成反射系数，并且用 40Hz 雷克子波进行褶积生成叠前 CMP 道集，2ms 采样，对不同信噪比情况下的反演效果进行了分析。首先由子波矩阵和 Gildlow 简化方程组成矩阵 $\boldsymbol{G}$，应用公式计算协方差矩阵，选择合适的权系数，在经过三次循环求解二次规划目标函数后得到问题的解。

图 5-26、图 5-27、图 5-28 分别是无噪声、信噪比为 4、信噪比为 2 时的反演结果，图中的黑色实线为模型曲线，红色虚线为反演的曲线，蓝色的虚线是反演参数的约束范围。可以看出，在观测数据没有噪声的情况下反演效果非常好，反演曲线与实际的曲线几乎重合，即使在信噪比很低的情况下本文提出的方法也有很好的反演结果。

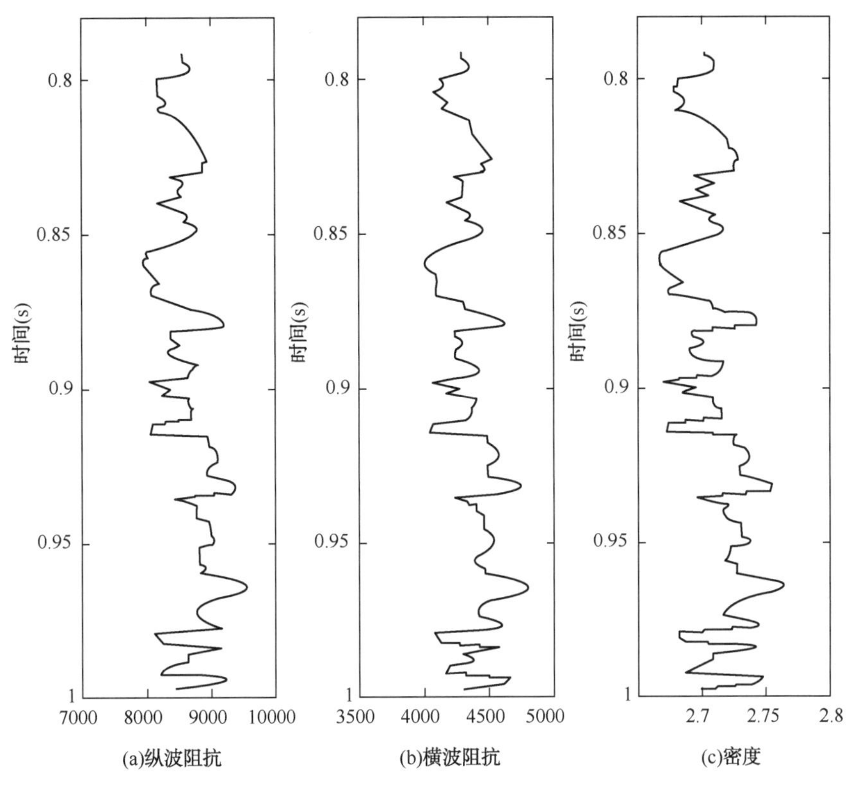

图 5-25　地层模型

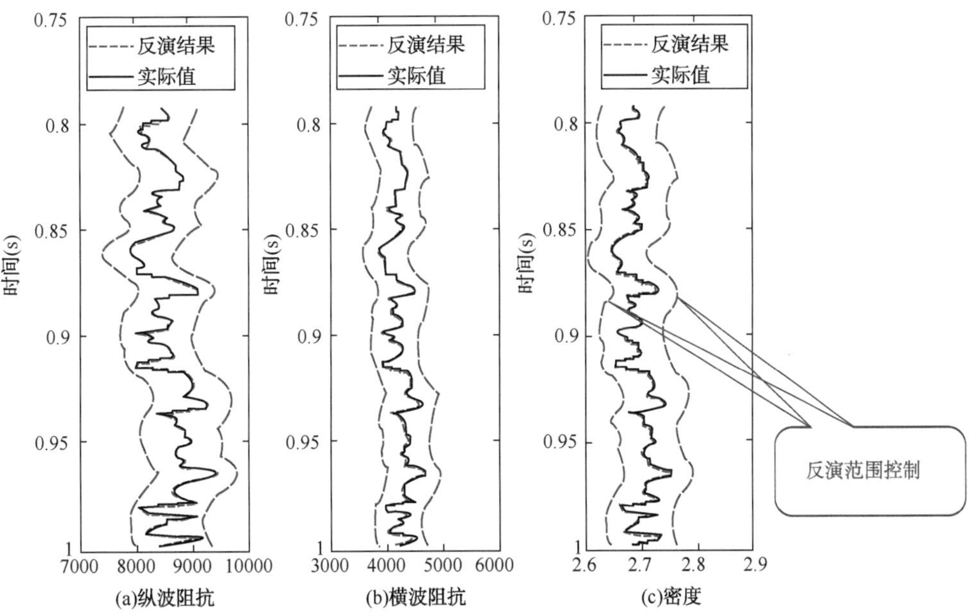

图 5-26　NQP_ PI 反演结果(无噪声)

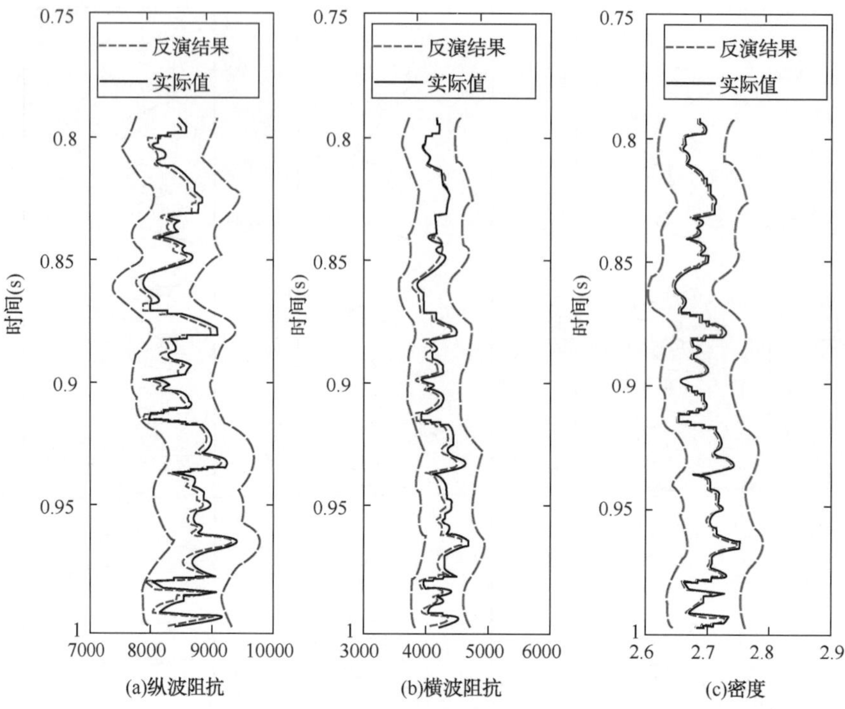

图 5-27　NQP_ PI 反演结果(SNR=4)

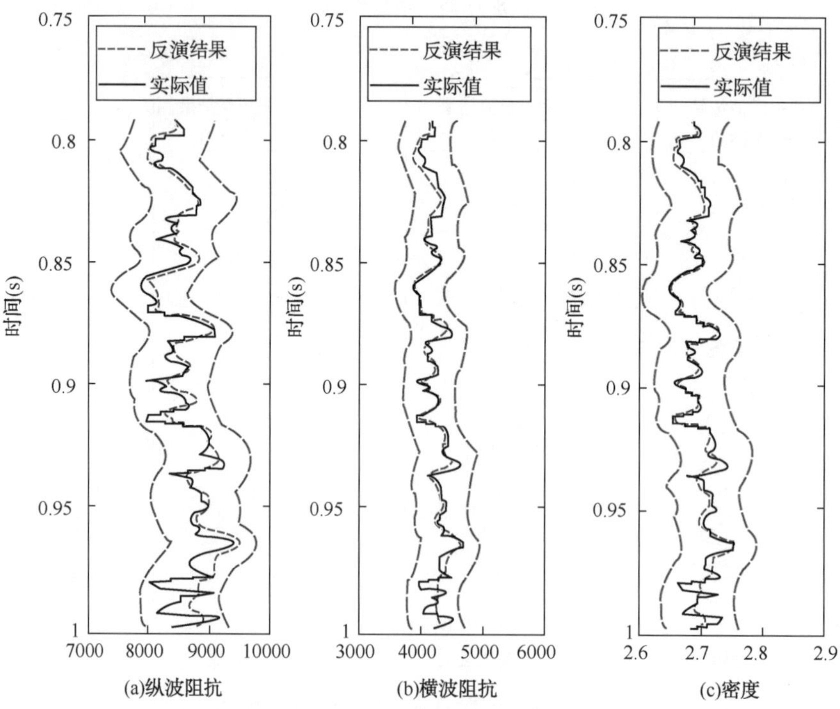

图 5-28　NQP_ PI 反演结果(SNR=2)

5.3.3 实际应用

实际资料来自胜利油田某工区，工区主力含油层系是馆上段，为辫状河沉积，是勘探热点地区。本工区属馆上段河流相沉积，地质情况比较复杂，相应的地震反射特征也比较复杂，但是储层在地震剖面上特征明显，形成中强振幅反射。叠加剖面如图 5-30(a)所示，选取时间在 1100—1400ms 之间数据进行叠前三参数同步反演，反演过程中令横纵波比 $\bar{\gamma}$ 等于 0.5，稀疏约束项 λ_1 等于 3，α_{ps} 等于 0.001，α_{pd} 等于 0.05，α_{sd} 等于零；协方差矩阵由图 5-29所示三条测井曲线得到。

反演结果如图 5-30(b)、图 5-30(c)、图 5-30(d)所示，图中的黑色曲线分别为纵波速度、横波速度和密度测井曲线，椭圆显示的是油层的位置，声波测井曲线也显示了低值。反演结果中图 5-30(b)椭圆内地层的纵波阻抗明显降低，图 5-30(d)椭圆内地层的密度也降低，而图 5-30(c)椭圆内地层的横波阻抗没有明显的降低。

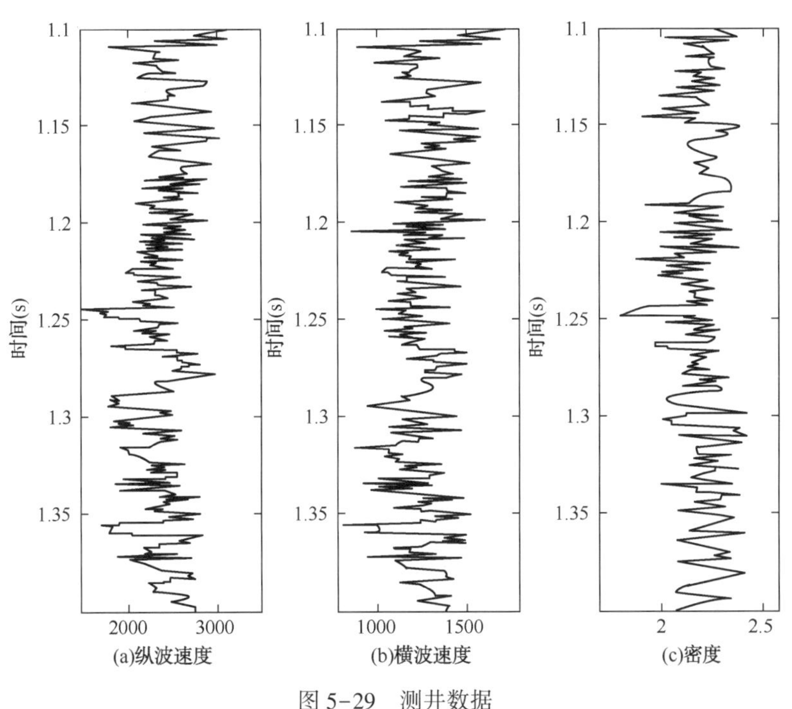

图 5-29 测井数据

5.4 支持向量机的非线性叠前反演

基于支持向量机(SVM)的叠前 AVO 三参数同步反演方法在没有牺牲反演效果的情况下较好地解决了传统叠前反演方法所具有的局限性。如速度慢以及多解性问题，可以直接从叠前数据中提取地层的弹性参数差异。它不需要对 Zoeppritz 方程进行简化以及对弹性参数的任何假设，也不需要初始模型和测井曲线的约束，反演速度快，鲁棒性好，即使在信噪比较低的情况下也有好的反演结果。

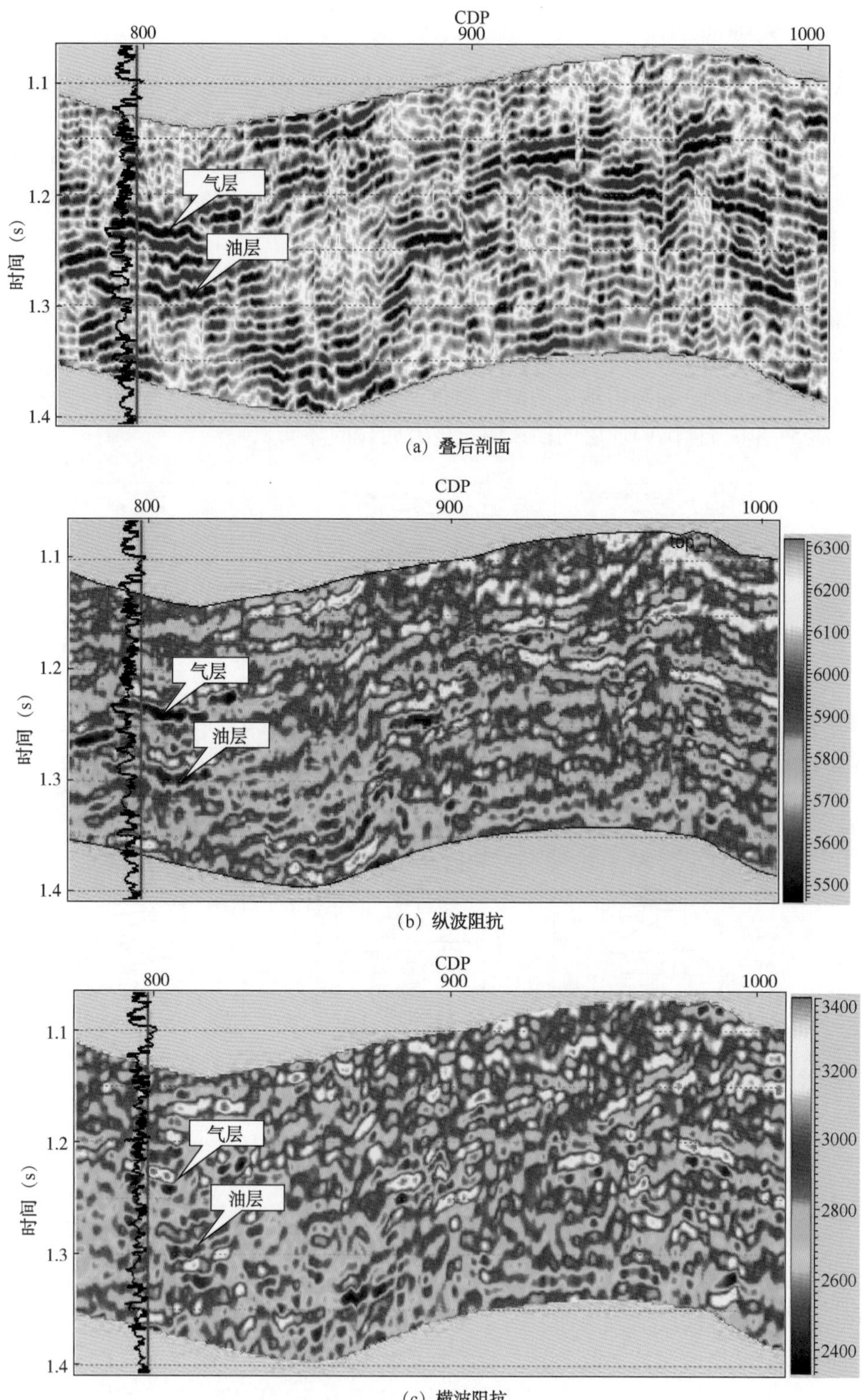

图 5-30　NQP_ PI 叠前反演结果

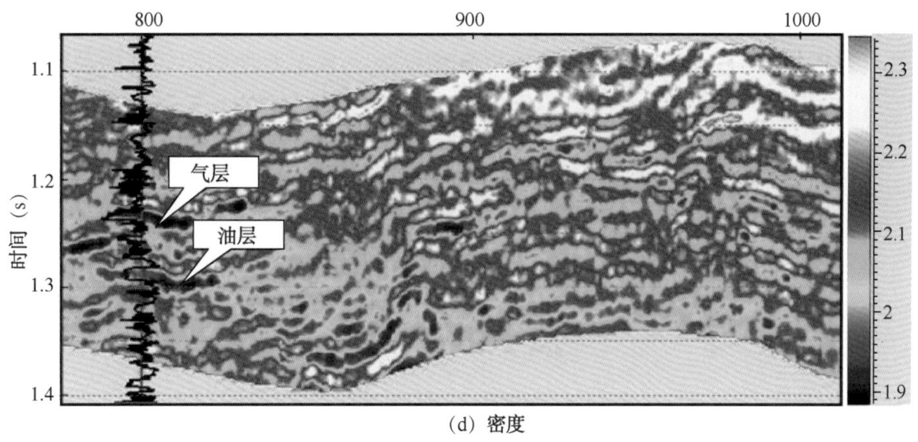

(d) 密度

图 5-30　NQP_ PI 叠前反演结果(续)

5.4.1　支持向量机简介

支持向量机(Support Vector Machine, SVM)(Vapnik, 2000)是一种新的机器学习算法。它的基础是 Vapnik 的统计学习理论(Statistical Learning Theory, SLT), 是统计学习理论中最年轻的分支。自从 Vapnik 等人引入支持向量机理论以来, SVM 在模式识别方面得到了广泛的应用, 近年来也被开始用于回归估计。传统的学习方法, 采用经验风险最小化准则(Empirical Risk Minimization, ERM), 在训练中力求最小化样本误差, 从而不可避免地出现过拟合现象, 这样模型的泛化能力受到了限制。而支持向量机是在统计学习理论的基础上形成的, 采用结构风险最小化(Structural Risk Minimization, SRM)准则, 从而提高了学习机器的泛化能力。另外, SVM 的求解最后转化成二次规划问题的求解, 因此 SVM 的解是全局最优的。

5.4.1.1　结构风险最小化

由统计学习理论可知, 对于回归估计 f, 实际风险 $R_s(f)$ 和经验风险 $R_{emp}(f)$ 之间至少以 $1-\eta(\eta>0)$ 的概率满足:

$$R_s(f) \leqslant R_{emp}(f) + \sqrt{\left(\frac{h\ln(2l/h+1)-\ln(l/4)}{l}\right)} \tag{5-86}$$

式中　h——VC 维;

　　l——样本数。

实际风险受限于经验风险和置信范围两部分, 置信范围与学习机器 VC 维及训练样本数有关。机器学习过程不仅要使经验风险最小, 还要使 VC 维最小, 这样才能取得较小的实际风险, 对未来的数据具有最好的泛化能力, 这是结构风险最小化准则的基本思想。

5.4.1.2　非线性支持向量机

用于非线性回归估计的支持向量机(Support Vector for Regression, SVR)的基本思想是通过用内积函数定义的非线性变换将输入空间变换到一个高维空间, 然后在这个高维空间中寻找输入变量和输出变量之间的一种线性关系。支持向量机算法是一个凸二次优化问题, 保证找到的解是全局最优解并能较好地解决小样本、非线性、高维数等实际问题, 特别是其小样本学习能力要远远优于传统的神经网络。

设训练样本集为$\{(x_i, y_i), i=1, 2, \cdots, l\}$，其中$x_i \in R^N$为输入值，$y_i$为目标值，$l$为样本数，并假设所有训练样本数据都可以在精度$\varepsilon$下无误差地用非线性函数拟合，即：

$$\begin{cases} y_i-\boldsymbol{w}\cdot\varphi(x_i)-b\leqslant\varepsilon \\ \boldsymbol{w}\cdot\varphi(x_i)+b-y_i\leqslant\varepsilon \end{cases} \quad (i=1, 2, \cdots, l) \tag{5-87}$$

式中　w，b——分别表示权值向量和偏差。

对上述训练样本集，通过某一非线性函数将训练集中的样本数据$\boldsymbol{x}$映射到一个高维线性特征空间，在这个维数可能无穷大的线性空间中构造回归估计函数。因此，在非线性情况下，估计函数f的形式如下：

$$f(\boldsymbol{x})=\boldsymbol{w}\cdot\varphi(\boldsymbol{x})+b \tag{5-88}$$

其中，$\boldsymbol{w}\in\boldsymbol{R}^N$，$b\in R$，$\varphi$是非线性映射，优化目标等价于最小化$\frac{1}{2}\|\boldsymbol{w}\|^2$，考虑允许有拟合误差的情况，引入松弛因子$\xi_i$，$\xi_i^*$，则式(5-87)变为：

$$\begin{matrix} Y_i-\boldsymbol{w}\cdot\varphi(X_i)-b\leqslant\varepsilon+\xi_i \\ \boldsymbol{w}\cdot\varphi(X_i)+b-Y_i\leqslant\varepsilon+\xi_i^* \end{matrix} \quad (i=1, 2, ..., l) \tag{5-89}$$

最终变为下面的优化问题：

$$\begin{aligned} &\min_{\omega,b,\xi}\frac{1}{2}\|\boldsymbol{w}\|^2+C\sum_{i=1}^{l}(\xi_i+\xi_i^*) \\ &s.t. \\ &\quad y_i-\boldsymbol{w}\cdot\varphi(x_i)-b\leqslant\varepsilon+\xi_i \\ &\quad \boldsymbol{w}\cdot\varphi(x_i)+b-y_i\leqslant\varepsilon+\xi_i^* \\ &\quad \xi_i\geqslant0 \\ &\quad \xi_i^*\geqslant0 \end{aligned} \tag{5-90}$$

其中，$i=1, 2, \cdots, l$；C为惩罚系数。C越大表示对超出误差ε的数据点的惩罚越大。

显然式(4-90)为一个约束二次规划，采用拉格朗日乘子法，并引入核函数$K(X_i, X_j)=\langle\varphi(X_i), \varphi(X_j)\rangle$，最终，可以得到二次规划问题的标准形式如下：

$$\begin{aligned} &\min\left\{\frac{1}{2}\boldsymbol{\beta}^{\mathrm{T}}\cdot\boldsymbol{H}\cdot\boldsymbol{\beta}+\boldsymbol{D}^{\mathrm{T}}\cdot\boldsymbol{\beta}\right\} \\ &s.t. \\ &\quad \sum_{i=1}^{l}(\alpha_i-\alpha_i^*)=0 \\ &\quad 0\leqslant\alpha_i\leqslant C \\ &\quad 0\leqslant\alpha_i^*\leqslant C \end{aligned} \tag{5-91}$$

其中

$$\boldsymbol{\beta}=\begin{bmatrix}\boldsymbol{\alpha}^{\mathrm{T}} \\ \boldsymbol{\alpha}^{*\mathrm{T}}\end{bmatrix}$$

$$\boldsymbol{H}=\begin{bmatrix}K(X_i, X_j) & -K(X_i, X_j) \\ -K(X_i, X_j) & K(X_i, X_j)\end{bmatrix}$$

$$\boldsymbol{D}=[\varepsilon-Y_1,\ \varepsilon-Y_2,\ \ldots,\ \varepsilon-Y_l,\ \varepsilon+Y_1,\ \varepsilon+Y_2,\ \ldots,\ \varepsilon+Y_l]^{\mathrm{T}}$$

其中，$\alpha_i \geqslant 0$，$\alpha_i^* \geqslant 0$，$i=1,\ 2,\ \cdots$；l 为拉格朗日乘子。求解上述标准二次规划优化问题可以得到最终的估计函数：

$$f(X)=\sum_{j=1}^{l}(\alpha_j-\alpha_j^*)K(X,\ X_j)+\boldsymbol{b} \tag{5-92}$$

其中，$\boldsymbol{b}$ 可以由标准支持向量求得。

5.4.1.3 核函数

在支持向量机中，引入核函数来简化非线性问题，核函数满足：

$$K(\boldsymbol{x},\ \boldsymbol{x}')=\langle\varphi(\boldsymbol{x}),\ \varphi(\boldsymbol{x}')\rangle \tag{5-93}$$

它使得回归函数求解绕过了特征空间，直接在输入空间上求取，从而避免了计算非线性映射 $\varphi(x)$。核函数 $K(x,\ x')$ 是对称正实数函数，同时满足 Mercer 条件：

$$\iint K(\boldsymbol{x},\ \boldsymbol{x}')g(\boldsymbol{x})g(\boldsymbol{x}')\mathrm{d}\boldsymbol{x}\mathrm{d}\boldsymbol{x}' > 0,\ g \in L^2 \tag{5-94}$$

常用的核函数有：

（1）多项式：

$$K(\boldsymbol{x},\ \boldsymbol{x}')=(\langle\boldsymbol{x},\ \boldsymbol{x}'\rangle+c)^p p \in N,\ c\geqslant 0$$

（2）高斯基 RBF：

$$K(\boldsymbol{x},\ \boldsymbol{x}')=\exp\left(-\frac{\|\boldsymbol{x}-\boldsymbol{x}'\|^2}{2\sigma^2}\right)$$

（3）指数基 RBF：

$$K(\boldsymbol{x},\ \boldsymbol{x}')=\exp\left(-\frac{\|\boldsymbol{x}-\boldsymbol{x}'\|}{2\sigma^2}\right)$$

（4）样条函数：

$$K(\boldsymbol{x},\ \boldsymbol{x}')=1+\langle\boldsymbol{x},\ \boldsymbol{x}'\rangle+\frac{1}{2}\langle\boldsymbol{x},\ \boldsymbol{x}'\rangle\min(\boldsymbol{x},\ \boldsymbol{x}')-\frac{1}{6}\min(\boldsymbol{x},\ \boldsymbol{x}')^3$$

需要指出的是，上述核函数有各自不同的输入范围，因而在具体应用前应该首先进行数据的尺度变化。核函数的选择需要一定的先验知识，目前还没有一般性的结论，Scholkopf 等就核函数的选择和构造做了讨论。

5.4.1.4 SVM 和 BP 神经网络的泛化性能比较

下面通过实验来对比分析神经网络和支持向量机的泛化能力。如图 5-31 所示黑色粗线为一条空间三维曲线。分别用 SVM 和 BP 神经网络对 42、18、7 个样本数据进行回归建模，并且分别应用所建模型对两边界点之外的数据点进行了预测，得到回归曲线，如图中的黑色细线所示，图中小圆圈表示采样点。用 SVM 回归建模时，选高斯径向基核函数。

$2\sigma^2$ 取为 3000，控制误差 ε 为 0.00001。用 BP 神经网回归建模时，选择三层 BP 神经网络，控制误差为 0.00001，隐层神经元数目为 6 个。

从图 5-31(a)、图 5-31(b) 中可以看到，当学习样本很多时，两种方法都可以得到很好的回归效果，SVM 的推广能力比 BP 网络要好（椭圆圈所示）。随着样本数的减少，BP 网络回归的缺点表现得十分明显，如图 5-31(c)、图 5-31(e) 所示。图中每个样本的回归效果都很好，但是样本间和样本外的曲线与原空间三维曲线相差较远，这说明 BP 网络的泛化能力很差。与 BP 网络相反，图 5-31(d)、图 5-31(f) 中 SVM 的回归效果非常好，即使在只有 7 个学习样本的情况下，SVM 依然表现出了很好的泛化能力。这就是前面提到的，由于神经网络致力于极小化样本误差，使得回归时易产生过拟合现象，影响泛化能力。

值得一提的是，在应用传统的神经网络进行参数回归时，其参数的确定，最终曲线的选择都较 SVM 困难得多，所以与传统的学习方法相比，SVM 在回归估计中有着独特的优势。

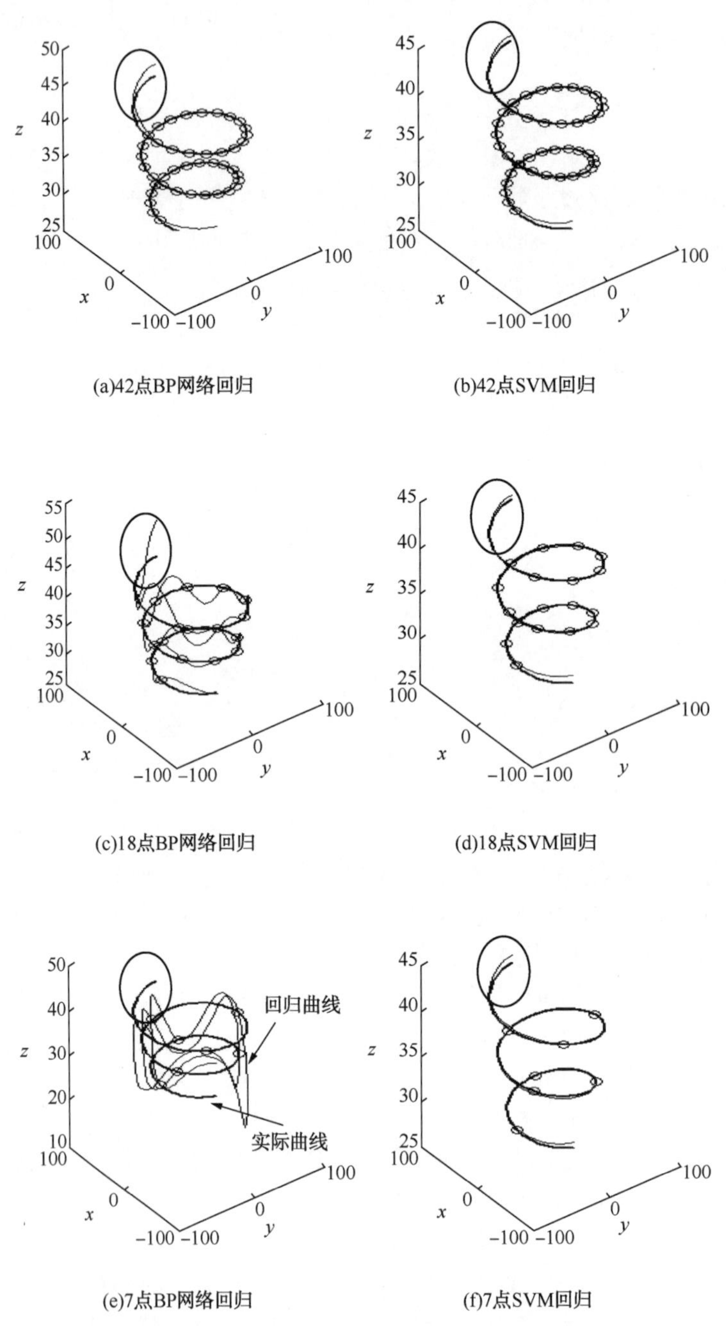

(a)42点BP网络回归　(b)42点SVM回归

(c)18点BP网络回归　(d)18点SVM回归

(e)7点BP网络回归　(f)7点SVM回归

图 5-31　BP 网络与 SVM 非线性回归效果比较

5.4.2 SVM 叠前反演方法原理

图 5-32 说明了 SVM 非线性 AVO 反演的原理。叠前反演的目的是为了获得各种弹性参数，目前许多的叠前反演都基于各种 Zoeppritz 近似方程。在本书提出的方法中，正演部分使用了完整的 Zoeppritz 方程。正演模拟计算 P 波入射到具有不同弹性参数的地层分界面上的响应。根据 Zoeppritz 方程，反射和透射系数是入射角和每一地层 3 个独立的弹性参数的函数。弹性参数包括每一层的 P 波速度($V_{p1,2}$)，S 波速度($V_{s1,2}$)和密度($\rho_{1,2}$)。

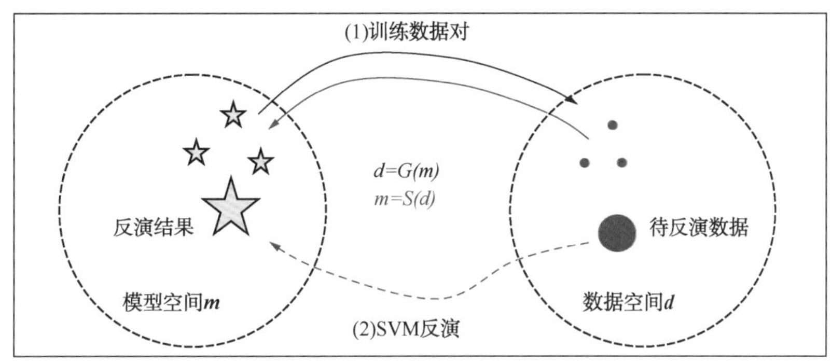

图 5-32　SVM 非线性 AVO 反演原理

按一定的规则生成了一定数量的两层地层模型，每一层的速度和密度都有一个取值范围，如上层介质的纵波速度选在 2000m/s 和 4000m/s 之间，横波速度选在 700m/s 和 2000m/s 之间，下层介质的纵波速度选在 1500m/s 和 4500m/s 之间，横波速度选在 500m/s 和 2500m/s 之间，密度选在 2.0g/cm^{3}和 2.6g/cm^{3}之间。

用于训练 SVM 的数据来自正演的过程，输入数据是 P 波反射振幅，它从动校正后的叠前 CMP 道集中提取，输出数据为模型的弹性参数。将输入和输出数据组成训练对，对 SVM 进行学习，选用高斯径向基核函数，惩罚项 C 可以选大一些。训练完成后，将需要做反演的叠前 CMP 道集输入到训练后的 SVM 中就可以完成叠前反演。由于 SVM 叠前反演将叠前 CMP 道集中相同时刻不同偏移距的所有点都看作是地层的一个界面，反演结果为零偏移距纵波阻抗剖面、零偏移距横波阻抗剖面和零偏移距密度剖面，分辨率略高于地震剖面，因此 SVM 非线性 AVO 反演是一种带限的反演方法。

5.4.3 实际应用

实际的部分叠前 CMP 道集数据如图 5-33 所示。首先将 CMP 道集转化为角道集，反演时将角道集中相同时刻不同角度的所有点看作是地层的一个界面，进行叠前反演。反演的相对纵波阻抗剖面、相对横波阻抗剖面和相对密度剖面分别如图 5-34 至图 5-36 所示。图 5-34中红色曲线为叠置在反演纵波剖面上的 P-wave 测井曲线，从图中可以看出，在 60~80 道之间，约 700ms 处纵波速度减小(如图椭圆内所示)，测井曲线也显示了速度的降低。图 5-36 的密度也有相应的减少，而图 5-35 的横波并没有减少。

进一步得到纵横波速度比剖面，然后对结果按一定的阈值显示，即将小于阈值的数置为零。如图 5-37 所示，箭头处所指的位置纵横波阻抗速度比增加，即泊松比降低，清晰地显示了气层的位置。

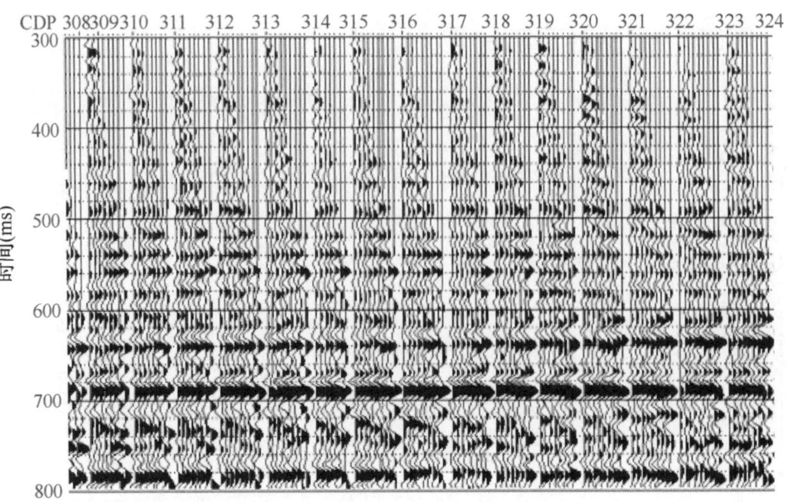

图 5-33　部分叠前 CMP 道集

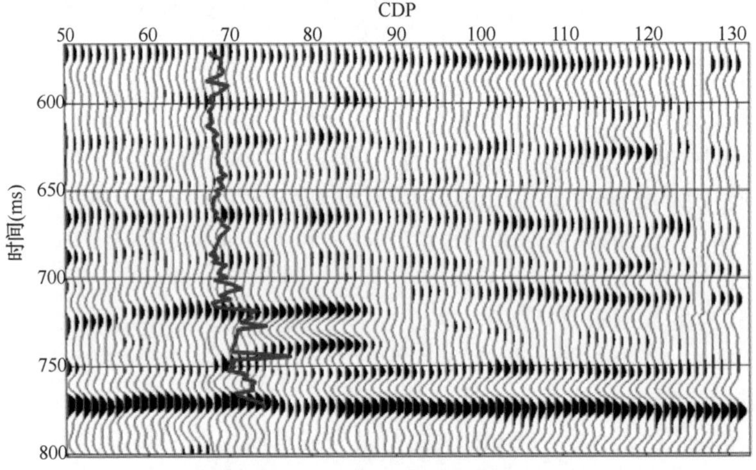

图 5-34　相对纵波阻抗反演结果

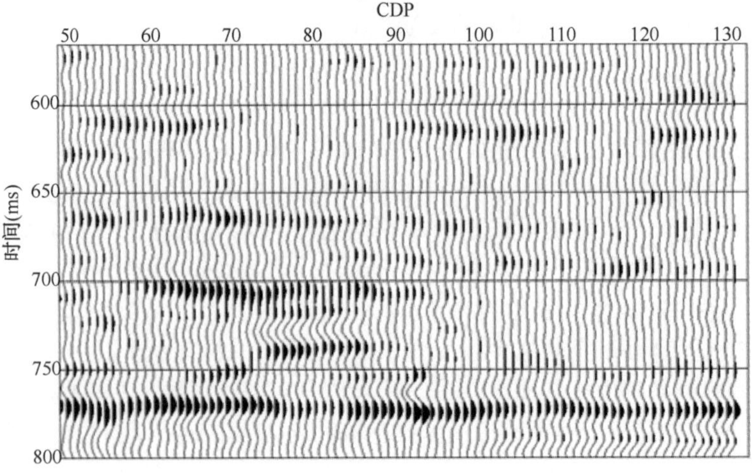

图 5-35　相对横波阻抗反演结果

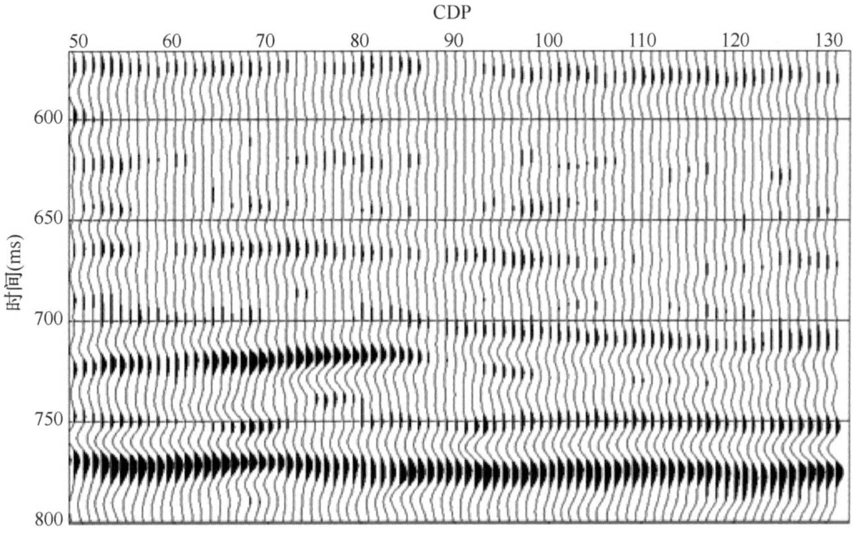

图 5-36　相对密度反演结果

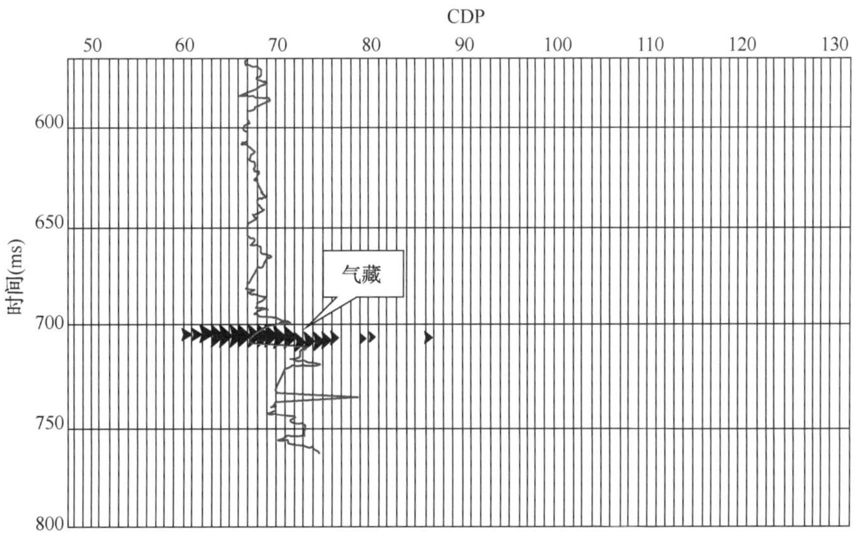

图 5-37　纵横波速度比剖面

第 6 章　叠前流体因子直接提取与流体识别

叠前流体因子提取在储层流体识别中具有非常重要的意义(Smith，2000；Quakenbush 等，2006；印兴耀等，2013；杨培杰等，2016)，也是流体识别非常有效的手段。传统的做法是首先反演纵波速度、横波速度和密度三个数据，然后用这三个数据间接地计算 $\lambda\rho$、$\mu\rho$、Russell 流体因子等流体信息(印兴耀等，2014)，这种做法的不足之处是会带来累计误差。针对这一问题，很多学者开展了基于叠前反演的流体因子直接提取方法(宗兆云等，2012；印兴耀等，2013；杨培杰等，2016)，其优势在于能够减小累计误差，因此结果更加准确可靠。

在前人研究的基础上，本文提出了一种应用叠前资料直接提取 Gassmann 流体因子、剪切模量、密度的新方法。通过分析其中的 Gassmann 流体因子，可以有效地实现流体识别。该方法可以减少传统的两步法流体因子提取方法所产生的累计误差，因此提取结果分辨率更高、更加客观准确。

首先，以贝叶斯反演框架为基础，将似然函数、先验信息以及 Gassmann 流体因子近似方程相结合，得到初始的目标函数。其次，进一步在初始目标函数中加入可变数量的点约束信息，并得到最终的目标函数。最后，通过求解该目标函数，就直接提取出了 Gassmann 流体因子。该方法的主要特点是不需要初始模型的参与，而是通过一个约束模型来控制提取结果的稳定性和准确性，并且可以从约束模型中选定不同数量的约束点进行约束，称为可变点约束。模型和实际应用证明，该方法即使在叠前数据信噪比很低的情况下也能较好地提取 Gassmann 流体因子，流体因子提取结果客观性高、稳定性好，并且能够与已知的流体解释结果很好地匹配。

6.1　可变点约束流体因子直接提取

6.1.1　方法原理

Russell 等人(2011)基于 Biot-Gassmann 理论对饱含流体多孔介质的 AVO 理论进行了研究，并推导了包含 Gassmann 流体项的反射系数近似公式。

已知 Aki-Richard 近似公式如下：

$$R_{\mathrm{pp}}(\theta)=(1+\tan^2\theta)\frac{\Delta V_{\mathrm{p}}}{2V_{\mathrm{p}}}+\left(\frac{-8\sin^2\theta}{2\gamma_{\mathrm{sat}}^2}\right)\frac{\Delta V_{\mathrm{s}}}{2V_{\mathrm{s}}}+\left(1-\frac{4\sin^2\theta}{\gamma_{\mathrm{sat}}^2}\right)\frac{\Delta\rho}{2\rho} \tag{6-1}$$

式中　$R_{\mathrm{pp}}(\theta)$——与入射角有关的纵波反射系数。

方程右边提出分母 ρV_{p}^2，得到：

$$R_{\mathrm{pp}}(\theta)=\frac{\frac{1}{2}\Delta\rho V_{\mathrm{p}}^2+\frac{1}{2}\rho V_{\mathrm{p}}\Delta V_{\mathrm{p}}\sec^2\theta-2(\Delta\rho V_{\mathrm{s}}^2+2\rho V_{\mathrm{s}}\Delta V_{\mathrm{s}})\sin^2\theta}{\rho V_{\mathrm{p}}^2} \tag{6-2}$$

已知 Gassmann 流体因子的表达公式为：

$$f_g=(I_p^2-cI_s^2)/\rho \tag{6-3}$$

式中 f_g——Gassmann 流体因子；

I_p，I_s——分别表示纵波阻抗和横波阻抗；

c——干岩纵横波速度比的平方，$c=\gamma_{dry}^2$。

c 值可通过实验室测量的方法获得，如先计算干岩的泊松比，然后再得到 c 值(Russell 等，2003)，或是在实际应用过程中通过反复试算来确定最佳 c 值，c 的取值一般在 2.25 至 3.0 之间。已知多项式的微分公式为：

$$\Delta f=\frac{\partial f}{\partial V_p}\Delta V_p+\frac{\partial f}{\partial V_s}\Delta V_s+\frac{\partial f}{\partial \rho}\Delta\rho \tag{6-4}$$

对式(6-3)进行微分，可以得到：

$$\Delta f=2\rho V_p\Delta V_p-2c\rho V_s\Delta V_s+(V_p^2-cV_s^2)\Delta\rho \tag{6-5}$$

进一步，得到：

$$\Delta\rho V_s^2+2\rho V_s\Delta V_s=\frac{1}{c}(\Delta\rho V_p^2+2\rho V_p\Delta V_p-\Delta f) \tag{6-6}$$

将式(6-6)代入式(6-2)，得到：

$$R_{pp}(\theta)=\frac{\frac{1}{2}\Delta\rho V_p^2+\frac{1}{2}\rho V_p\Delta V_p\sec^2\theta-\frac{2}{c}(\Delta\rho V_p^2+2\rho V_p\Delta V_p-\Delta f)\sin^2\theta}{\rho V_p^2} \tag{6-7}$$

进一步，得到：

$$R_{pp}(\theta)=\frac{\Delta\rho V_p^2(\frac{1}{2}-\frac{2}{c}\sin^2\theta)+\rho V_p\Delta V_p(\frac{1}{2}\sec^2\theta-\frac{4}{c}\sin^2\theta)+\Delta f(\frac{2}{c}\sin^2\theta)}{\rho V_p^2} \tag{6-8}$$

已知：

$$f_g=(I_p^2-cI_s^2)/\rho=\rho V_p^2-c\mu \tag{6-9}$$

对式(6-9)进行微分：

$$\Delta f=2\rho V_p\Delta V_p-c\Delta\mu+V_p^2\Delta\rho \tag{6-10}$$

进一步整理，得到：

$$\rho V_p\Delta V_p=\frac{2}{c}\Delta\mu-\frac{1}{2}V_p^2\Delta\rho+\frac{1}{2}\Delta f \tag{6-11}$$

将式(6-7)和式(6-11)相结合，得到：

$$\begin{aligned}\rho V_p\Delta V_p\left(\frac{1}{2}\sec^2\theta-\frac{4}{c}\sin^2\theta\right)&=\left(\frac{2}{c}\Delta\mu-\frac{1}{2}V_p^2\Delta\rho+\frac{1}{2}\Delta f\right)\left(\frac{1}{2}\sec^2\theta-\frac{4}{c}\sin^2\theta\right)\\&=\Delta\mu\left(\frac{c}{4}\sec^2\theta-2\sin^2\theta\right)+V_p^2\Delta\rho\left(\frac{2}{c}\sin^2\theta-\frac{1}{4}\sec^2\theta\right)+\Delta f\left(\frac{1}{4}\sec^2\theta-\frac{2}{c}\sin^2\theta\right)\end{aligned} \tag{6-12}$$

将式(6-12)代入式(6-8)，得到：

$$R_{pp}(\theta)=\frac{\Delta\rho V_p^2(\frac{1}{2}-\frac{1}{4}\sec^2\theta)+\Delta\mu(\frac{c}{4}\sec^2\theta-2\sin^2\theta)+\Delta f(\frac{1}{4}\sec^2\theta)}{\rho V_p^2} \tag{6-13}$$

进一步整理，得到：

$$R_{pp}(\theta)=\frac{1}{4}\sec^2\theta\frac{\Delta f}{\rho V_p^2}+\left(\frac{c}{4}\sec^2\theta-2\sin^2\theta\right)\frac{\Delta\mu}{\rho V_p^2}+\left(\frac{1}{2}-\frac{1}{4}\sec^2\theta\right)\frac{\Delta\rho}{\rho} \quad (6-14)$$

下面去掉ρV_p^2项，作进一步整理，已知：

$$\frac{f}{\rho V_p^2}=\frac{\rho V_p^2-c\rho V_s^2}{\rho V_p^2}=1-c\left(\frac{V_s}{V_p}\right)_{sat}^2 \quad (6-15)$$

对于式(6-14)右边的第二项，有：

$$\frac{\mu}{\rho V_p^2}=\frac{\rho V_s^2}{\rho V_p^2}=\left(\frac{V_s}{V_p}\right)_{sat}^2 \quad (6-16)$$

将上面的公式整合，最终得到如下包含 Gassmann 流体因子的反射系数近似公式：

$$R_{pp}(\theta)\approx\left[\left(\frac{1}{4}-\frac{\gamma_{dry}^2}{4\gamma_{sat}^2}\right)\sec^2\theta\right]\frac{\Delta F_G}{F_G}+\left[\frac{\gamma_{dry}^2}{4\gamma_{sat}^2}\sec^2\theta-\frac{2}{\gamma_{sat}^2}\sin^2\theta\right]\frac{\Delta\mu}{\mu}+\left[\frac{1}{2}-\frac{\sec^2\theta}{4}\right]\frac{\Delta\rho}{\rho} \quad (6-17)$$

式中 $R_{pp}(\theta)$——不同角度的地震反射系数；

μ——剪切模量；

ρ——密度；

γ_{dry}^2，γ_{sat}^2——分别表示干燥岩石和饱和流体岩石的纵横波速度平方比平均值的平方；

F_G——介质的 Gassmann 流体因子。

利用准确 Zoeppritz 方程、Gassmann 流体因子近似方程以及标准化弹性阻抗方程计算模型界面的反射系数(张世鑫，2012)，如图 6-1 所示。

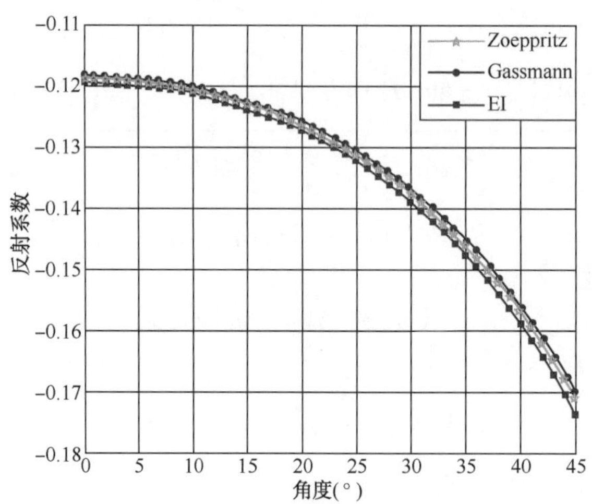

图 6-1 反射系数曲线对比

从图 6-1 可以看到，Gassmann 近似方程与 Zoeppritz 方程的匹配程度很好。当入射角小于 45°时，相对误差最大只有 0.005 左右。因此，在入射角度小于 40°范围内，利用 Gassmann 近似方程计算的反射系数符合精度要求，说明利用该公式建立的正演模型是可靠的。另外，由于实际应用的角度部分资料的最大角度一般不会大于 40°，因此在误差允许的入射角度范围内使用 Gassmann 近似方程进行反演提取相应的流体因子是完全可行的。

该近似公式与其他常规近似的反射系数的最大区别是将孔隙流体的弹性效应直接包含在近似公式中，利用该公式可以直接提取 Gassmann 流体因子以及剪切模量等参数，使流体识别更加直观和方便。但是，该近似公式在使用时不仅需要饱含流体岩石的纵横波速度比，还需要借助岩石物理工具得到干岩样的纵横波速度比。

Gassmann 流体因子可直接作为流体因子来识别储层流体类型。目前已有学者对不同流体因子的敏感性进行了定量的分析(Chi 等，2006；张世鑫，2012，杨培杰，2014)，认为 Gassmann 流体因子对于砂泥岩储层不同流体的识别最为敏感，无论是对气、油还是水的区分度都很高。

6.1.2 初始目标函数的建立

参考叠前三参数同步反演的推导过程，将式(6-17)按偏移距写成矩阵形式：

$$\begin{bmatrix} R_{\mathrm{pp}}(\theta_1) \\ \vdots \\ R_{\mathrm{pp}}(\theta_K) \end{bmatrix} = \begin{bmatrix} \left(\frac{1}{4}-\frac{\gamma_{\mathrm{dry}}^2}{4\gamma_{\mathrm{sat}}^2}\right)\sec^2\theta_1 & \frac{\gamma_{\mathrm{dry}}^2}{4\gamma_{\mathrm{sat}}^2}\sec^2\theta_1-\frac{2}{\gamma_{\mathrm{sat}}^2}\sin^2\theta_1 & \frac{1}{2}-\frac{\sec^2\theta_1}{4} \\ & \cdots & \\ \left(\frac{1}{4}-\frac{\gamma_{\mathrm{dry}}^2}{4\gamma_{\mathrm{sat}}^2}\right)\sec^2\theta_K & \frac{\gamma_{\mathrm{dry}}^2}{4\gamma_{\mathrm{sat}}^2}\sec^2\theta_K-\frac{2}{\gamma_{\mathrm{sat}}^2}\sin^2\theta_K & \frac{1}{2}-\frac{\sec^2\theta_K}{4} \end{bmatrix} \begin{bmatrix} R_f \\ R_\mu \\ R_\rho \end{bmatrix} \quad [6\text{-}18(\mathrm{a})]$$

其中，θ_1，θ_2，…，θ_K 表示分界面处的平均入射角度；R_f，R_μ，R_ρ 分别表示 Gassmann 流体因子反射系数、剪切模量反射系数和密度反射系数。

将式[6-18(a)]扩展如下：

$$\underline{\boldsymbol{d}}_{NK\times 1}=\underline{\underline{\boldsymbol{G}}}_{NK\times 3N}\cdot\underline{\boldsymbol{F}}_{3N\times 1} \quad [6\text{-}18(\mathrm{b})]$$

其中，$\underline{\boldsymbol{F}}=[R_f\ R_\mu\ R_\rho]^{\mathrm{T}}$，$N$ 表示叠前地震数据的时间点数，K 表示地震数据的覆盖次数。当使用地震角道集进行流体因子提取时，K 一般取 3。

文献(Downton，2005；杨培杰，2008)指出，由于待反演的三个参数之间一般是统计相关的，因此需要应用三者之间的协方差矩阵对参数进行去相关处理，目的是提高解的稳定性，经过处理后的待反演参数之间是相互独立的。

式[6-18(b)]进一步变成：

$$\underline{\boldsymbol{d}}_{NK\times 1}=\underline{\underline{\boldsymbol{G}}}'_{NK\times 3N}\cdot\underline{\boldsymbol{F}}_{3N\times 1} \quad (6\text{-}19)$$

其中

$$\underline{\underline{\boldsymbol{G}}}'_{NK\times 3N}=\underline{\underline{\boldsymbol{G}}}_{NK\times 3N}\cdot\underline{\underline{\boldsymbol{V}}}_{3N\times 3N}$$

$\underline{\underline{\boldsymbol{V}}}_{3N\times 3N}$为通过测井数据所获得的协方差矩阵(杨培杰，2008)。式(6-19)就是本方法中所使用的正演公式。

假定地震数据的噪声服从正态分布，且独立，$\underline{\boldsymbol{F}}$ 服从柯西分布，用贝叶斯公式将似然函数、先验分布以及正演公式结合起来，就得到了初步的目标函数：

$$\min J(\underline{\boldsymbol{F}})=J_{\mathrm{G}}(\underline{\boldsymbol{F}})+J_{\mathrm{P}}(\underline{\boldsymbol{F}})=\|\underline{\boldsymbol{d}}-\underline{\underline{\boldsymbol{G}}}'\underline{\boldsymbol{F}}\|^2+2\sigma_n^2\sum_{i=1}^{M}\ln[1+(\underline{F}_i-\underline{F})^2/\sigma^2] \quad (6\text{-}20)$$

式中 σ_n^2——地震数据噪声的方差；

σ^2——柯西分布中的一个参数，类似于高斯分布中的方差。

6.1.3 可变点约束目标函数的建立

如果对目标函数直接进行求解，由于该目标函数中没有考虑模型的约束作用，所以会导致反演结果的稳定性不好，特别是三维的反演结果，横向上的连续性会很差。因此，可通过在提取过程中加入可变数量的点约束来达到稳定反演结果、提高反演结果的客观性、准确性的目的。

在反射系数较小时：

$$r_G(t)\approx\frac{\mathrm{d}F_g(t)}{2F_g(t)}\approx\frac{\partial\ln[F_g(t)]/2}{\partial t} \tag{6-21}$$

式中 r_G——Gassmann 流体因子反射系数。

式(6-21)相对于时间积分，可以得到相对流体因子。

$$\frac{1}{2}\ln\frac{F_G(t)}{F_G(t_0)}=\int_{t_0}^{t}r_G(\tau)\,\mathrm{d}\tau \tag{6-22}$$

式中 $F_G(t_0)$——初始流体因子的数值。

将式(6-22)简记如下：

$$\xi=C\cdot r_G \tag{6-23}$$

其中

$$\xi=\frac{1}{2}\ln\frac{F_G(t)}{F_G(t_0)}$$

$$C=\int_{t_0}^{t}\mathrm{d}\tau$$

进一步地将式(6-23)进行扩展，就可以得到可变点约束的矩阵方程：

$$\begin{bmatrix}\xi_n\\ \xi_{n-1}\\ \vdots\\ \xi_2\\ \xi_1\end{bmatrix}=\begin{bmatrix}1&1&\cdots&1&1\\ 0&1&\cdots&1&1\\ \vdots&\vdots&\cdots&1&1\\ 0&0&\cdots&1&1\\ 0&0&\cdots&0&1\end{bmatrix}\cdot\begin{bmatrix}r_m\\ r_{m-1}\\ \vdots\\ r_2\\ r_1\end{bmatrix}=\begin{bmatrix}\underline{\boldsymbol{C}}_{n,m}\\ \underline{\boldsymbol{C}}_{(n-1),m}\\ \vdots\\ \underline{\boldsymbol{C}}_{2,m}\\ \underline{\boldsymbol{C}}_{1,m}\end{bmatrix}\cdot\begin{bmatrix}r_m\\ r_{m-1}\\ \vdots\\ r_2\\ r_1\end{bmatrix} \tag{6-24}$$

式中 n——约束点的数量，是变化的；

m——待反演的地震道的总点数，$m\geqslant n>1$；

$\underline{\boldsymbol{C}}$——1 行 m 列的向量。

将点约束矩阵方程简记如下：

$$\underline{\boldsymbol{\xi}}=\underline{\underline{\boldsymbol{C}}}\cdot\underline{\boldsymbol{F}}_G \tag{6-25}$$

则根据贝叶斯公式，定义新的目标函数如下：

$$\min J(\underline{\boldsymbol{F}})=J_G(\underline{\boldsymbol{F}})+J_P(\underline{\boldsymbol{F}})+J_f(\underline{\boldsymbol{F}}_G)=J_G(\underline{\boldsymbol{F}})+J_P(\underline{\boldsymbol{F}})+\alpha\,(\underline{\underline{\boldsymbol{C}}}\cdot\underline{\boldsymbol{F}}_G-\underline{\boldsymbol{\xi}})^{\mathrm{T}}(\underline{\underline{\boldsymbol{C}}}\cdot\underline{\boldsymbol{F}}_G-\underline{\boldsymbol{\xi}}) \tag{6-26}$$

当点约束的矩阵中的 n 选不同的值时，就可以实现待反演数据不同数量和不同时间点处的点约束。式(6-26)即为最终的目标函数。

下面将目标函数的每一项对参数求导，并令导数为零，最终可以得到如下的矩阵方程组：

$$[\underline{\underline{\boldsymbol{G}}}'^{\mathrm{T}}\underline{\underline{\boldsymbol{G}}}'+\theta\boldsymbol{Q}+\alpha\,\underline{\underline{\boldsymbol{C}}}'^{\mathrm{T}}\underline{\underline{\boldsymbol{C}}}']\underline{\boldsymbol{F}}=[\underline{\underline{\boldsymbol{G}}}'^{\mathrm{T}}\underline{\boldsymbol{d}}+\alpha\,\underline{\underline{\boldsymbol{C}}}'^{\mathrm{T}}\underline{\boldsymbol{\xi}}_{\mathrm{G}}] \tag{6-27}$$

其中，$\underline{\underline{\boldsymbol{G}}}'^{\mathrm{T}}\underline{\underline{\boldsymbol{G}}}'$和$\underline{\underline{\boldsymbol{G}}}'^{\mathrm{T}}\underline{\boldsymbol{d}}$ 描述实际叠前道集与合成叠前道集间的拟合程度；$\theta\boldsymbol{Q}$ 用来约束解的稀疏程度，即先验项；$\theta=\lambda_1\dfrac{\varepsilon}{\sigma_1^2}$，$\lambda_1$ 为稀疏约束的权系数，ε 为实际叠前道集与反演合成的叠前道集间的误差，σ_1^2 为协方差；$\boldsymbol{Q}$ 是一个斜对角加权矩阵；$\alpha\,\underline{\underline{\boldsymbol{C}}}'^{\mathrm{T}}\underline{\underline{\boldsymbol{C}}}'$和 $\alpha\,\underline{\underline{\boldsymbol{C}}}'^{\mathrm{T}}\underline{\boldsymbol{\xi}}$ 即为参数点约束项，α 为点约束的权系数。通过求解该方程组，就可以直接提取 Gassmann 流体因子。

6.2 模型试算与分析

6.2.1 一维流体替代模型

构造砂泥岩互层模型，如第 3 章图 3-1 所示，基于 Gassmann 理论，分别用气、油、水对砂岩进行流体替代，并计算砂岩含气、含油和含水后的纵波速度、横波速度和密度，如第 3 章图 3-2 所示，然后计算流体替代后模型的 Gassmann 流体因子，如图 6-2 所示。该模型数据被加入了一定的噪声，目的是使之更接近真实的地层参数。

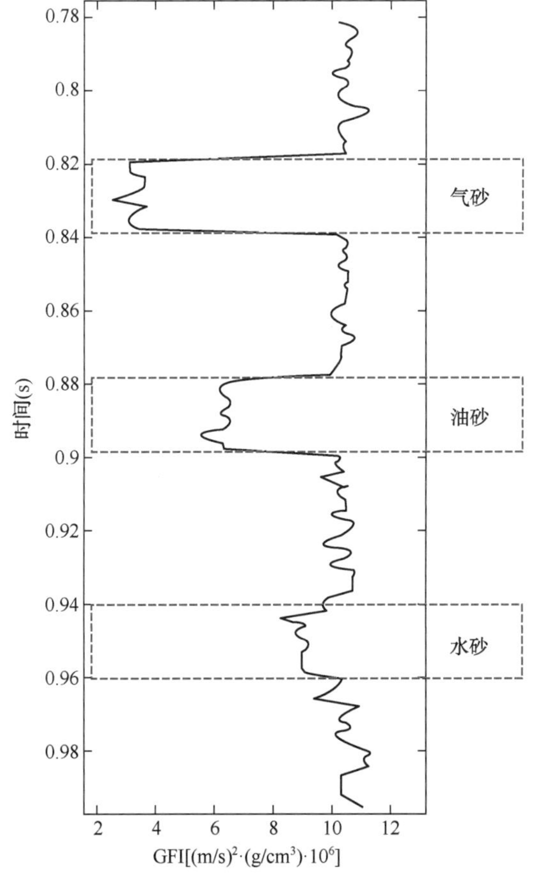

图 6-2 模型的 Gassmann 流体因子

以第 3 章图 3-2 中的纵、横波速度，密度为输入，应用 30Hz 的混合相位子波，进行基于 Zoeppritz 方程的叠前地震正演。为了说明本书提出的方法优秀的抗噪性，在道集中加入信噪比为 2∶1 的随机噪声，如图 6-3 所示。

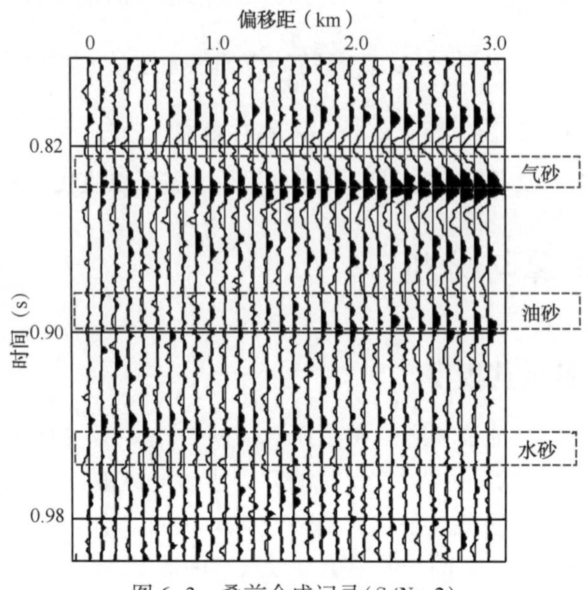

图 6-3　叠前合成记录(S/N=2)

图 6-4 为没有可变点约束的流体因子直接提取结果。由于叠前合成记录的信噪比很低，并且没有模型的约束，提取结果的稳定性和分辨率都比较差。虽然气层有较好的提取结果，但是对于油层，特别是水层的结果不理想。

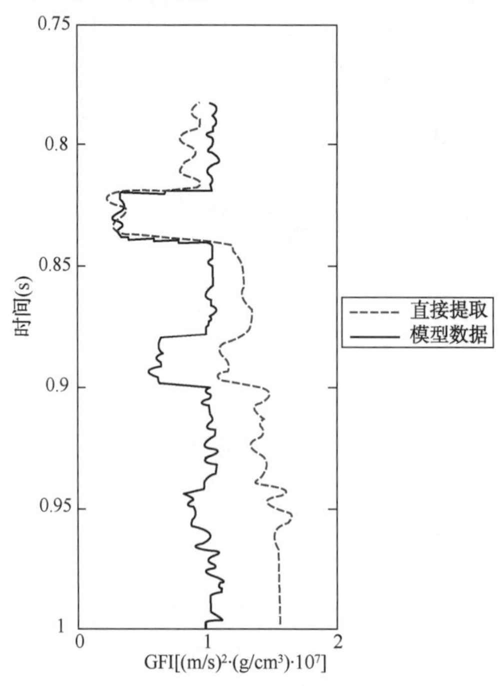

图 6-4　无约束提取结果(S/N=2)

6.2.2 可变点约束模式

下面以该流体替代后的模型为例，来说明点约束的三种不同模式及其应用效果。

(1) 约束模式 1。

约束点的数量 $n=2$，此时，认为待反演地震道的第一个点和最后一个点的流体因子值是已知的，其他所有的点都是未知的。α 的取值应大一些，一般取 $100>\alpha>50$。此时的可变点约束的矩阵方程如式(6-28)所示，其点约束的效果如图 6-5 所示。

$$\begin{bmatrix} \xi_2 \\ \xi_1 \end{bmatrix} = \begin{bmatrix} 1 & 1 & \cdots & 1 & 1 \\ 0 & 0 & \cdots & 0 & 1 \end{bmatrix}_{2\times m} \cdot \begin{bmatrix} r_m \\ r_{m-1} \\ \vdots \\ r_2 \\ r_1 \end{bmatrix} \tag{6-28}$$

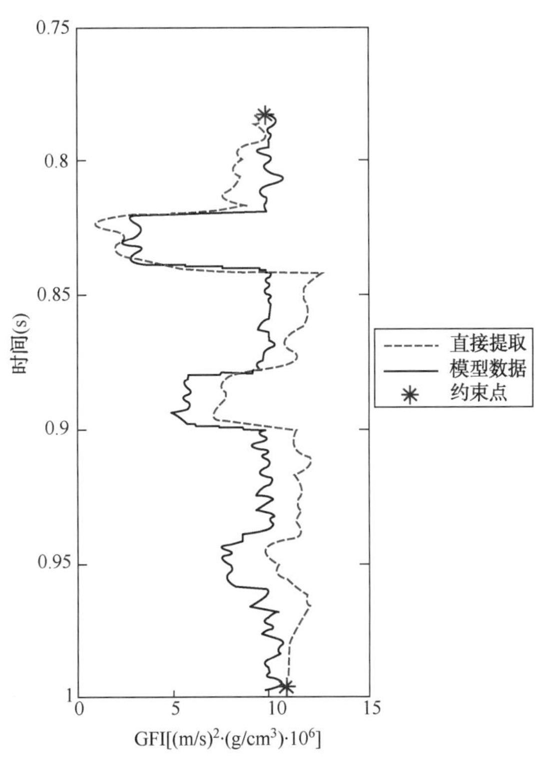

图 6-5 模式 1 提取结果(S/N=2)

(2) 约束模式 2。

$m>n>2$，m 是待反演地震道的总点数。该模式一般是在模式 1 的基础上，再根据工区的实际情况选择若干个点，此时 α 的取值应小一些，一般为 $50>\alpha>1$。假设约束点数量 $n=5$，此时的可变点约束的矩阵方程如式(6-29)所示，其点约束的效果如图 6-6 所示。

$$\begin{bmatrix} \xi_5 \\ \xi_4 \\ \xi_3 \\ \xi_2 \\ \xi_1 \end{bmatrix} = \begin{bmatrix} 1 & 1 & \cdots & 1 & 1 \\ 0 & 0 & \cdots & 1 & 1 \\ 0 & 0 & \cdots & 1 & 1 \\ 0 & 0 & \cdots & 1 & 1 \\ 0 & 0 & \cdots & 0 & 1 \end{bmatrix}_{5\times m} \cdot \begin{bmatrix} r_m \\ r_{m-1} \\ \vdots \\ r_2 \\ r_1 \end{bmatrix} \tag{6-29}$$

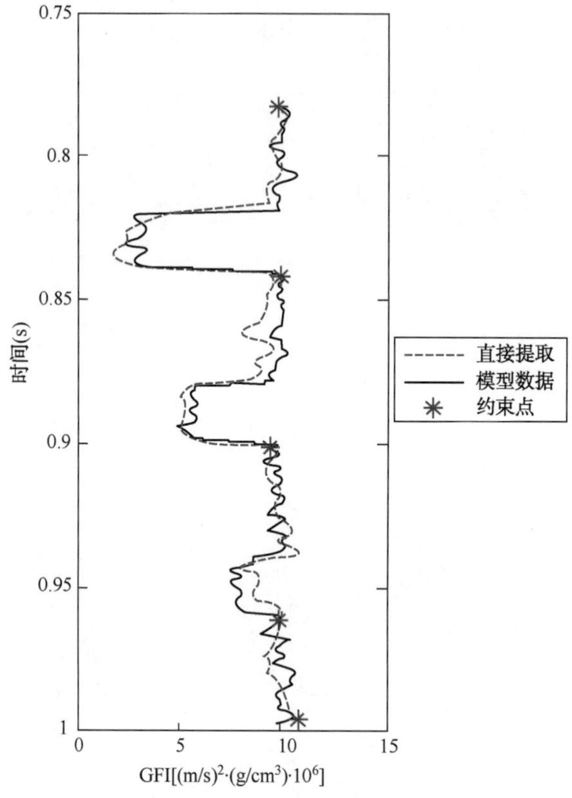

图 6-6　模式 2 提取结果(S/N=2)

(3) 约束模式 3。

$n=m$，即使用和待反演的地震道相同的点数来进行约束，这时不使用高频的初始模型，而是往往使用一个极低频的模型，极端情况下是使用一个常数模型进行约束，此时 α 的取值应最小，一般为 $1>\alpha$，则反演结果不会和约束模型很像，而是往模型靠拢，即能够起到稳定反演结果的目的。此时的可变点约束的矩阵方程如式(6-30)所示，其点约束的效果如图 6-7 所示。

$$\begin{bmatrix} \xi_m \\ \xi_{m-1} \\ \vdots \\ \xi_2 \\ \xi_1 \end{bmatrix} = \begin{bmatrix} 1 & 1 & \cdots & 1 & 1 \\ 0 & 1 & \cdots & 1 & 1 \\ \vdots & \vdots & \cdots & \vdots & \vdots \\ 0 & 0 & \cdots & 1 & 1 \\ 0 & 0 & \cdots & 0 & 1 \end{bmatrix}_{m\times m} \cdot \begin{bmatrix} r_m \\ r_{m-1} \\ \vdots \\ r_2 \\ r_1 \end{bmatrix} \tag{6-30}$$

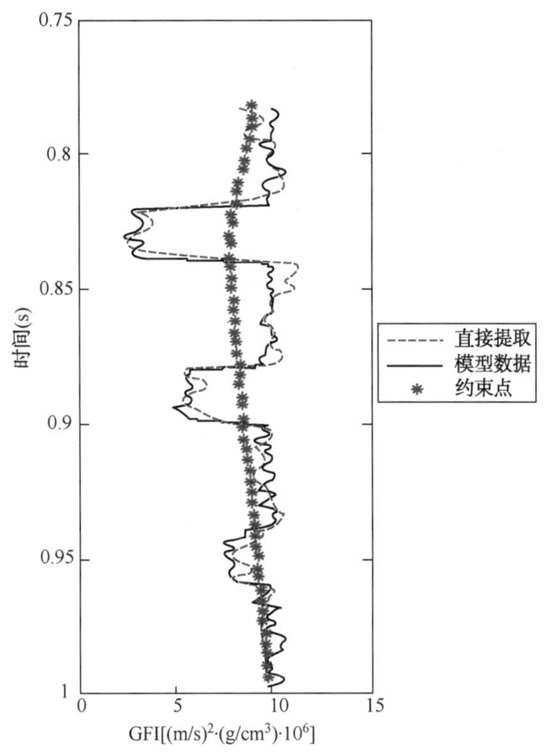

图 6-7　模式 3 提取结果(S/N=2)

为了便于理解和实际应用，对不同的可变点约束模式和原则进行了总结，见表 6-1。

表 6-1　约束模式与原则

模式	约束点数量(n)	约束点权重(α)	约束原则
模式 1	$n=2$，即待反演地震道的第一个点和最后一个点	$1000>\alpha>50$	使用精确的模型，α 的取值应大一些，则可以将结果紧紧地约束在待约束点上
模式 2	$m>n>2$，即待反演地震道的第一个点和最后一个点，再根据实际情况选择若干个点	$50>\alpha>1$	使用较精确的模型，α 的取值应较大，则可以将结果约束在待约束点上
模式 3	$n=m$，即使用和待反演的地震道相同的点数来进行约束	$1>\alpha$	使用极低频模型或是常数模型，α 的取值应小，能够起到稳定反演结果的目的

6.2.3　二维模型分析

下面用一个二维 Gassmann 流体因子模型来说明不同约束模式的适用条件和应用效果，如图 6-8 所示，并设置一口虚拟井 Well A，用于提供约束模型。图 6-9 是首先根据二维 Gassmann 模型的纵波速度、横波速度、密度进行叠前正演得到叠前道集后，再对叠前道集进行叠加的剖面。在该剖面上解释了 5 个层位，用来提供约束点信息，从深到浅分别是 h0，h1，h2，h3，h4。此次模型反演使用的是三个角度的角道集数据，信噪比为 4∶1。

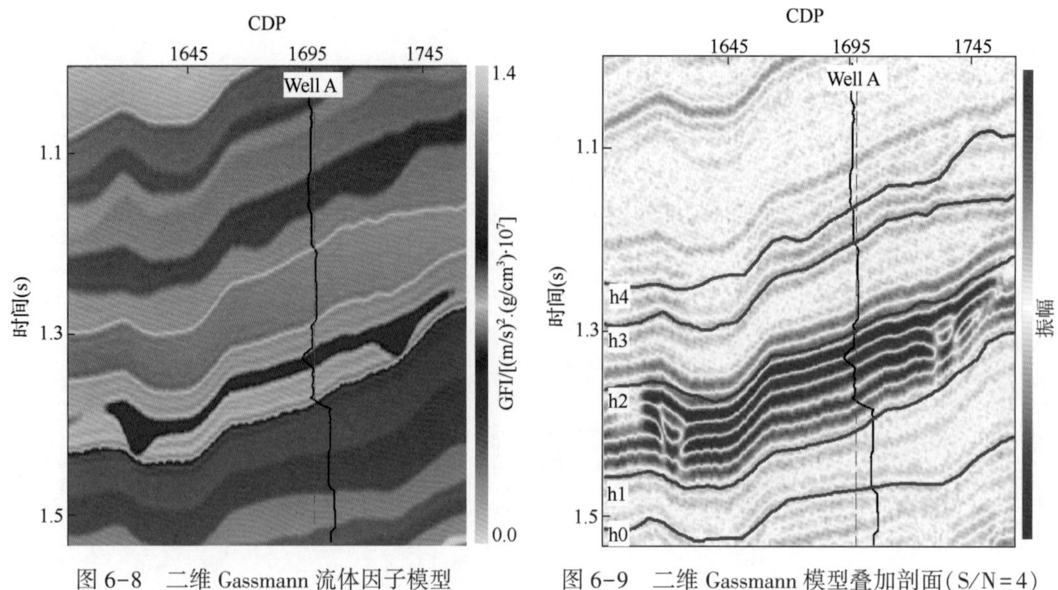

图 6-8　二维 Gassmann 流体因子模型　　　图 6-9　二维 Gassmann 模型叠加剖面(S/N=4)

图 6-10 为模式 1 的 Gassmann 流体因子直接提取结果。在该模式中，分别选取层位 h1 和 h2 作为两个约束点(在二维应用中，约束点就变成了约束线)，两个约束点(线)的流体因子值从模型中得到，通过反复试验，设定约束点权重 $\alpha=200$。可以看出，在该模式中，由于没有初始模型的作用，因此流体因子的提取结果客观准确。

图 6-11 为模式 2 的 Gassmann 流体因子直接提取结果。在该模式中，分别选取层位 h0，h1，h2，h3，h4 作为约束点(线)，约束点的流体因子值从模型中得到，通过反复试验，设定约束点权重 $\alpha=200$。该模式由于也没有初始模型的作用，因此流体因子的提取结果较为客观准确。

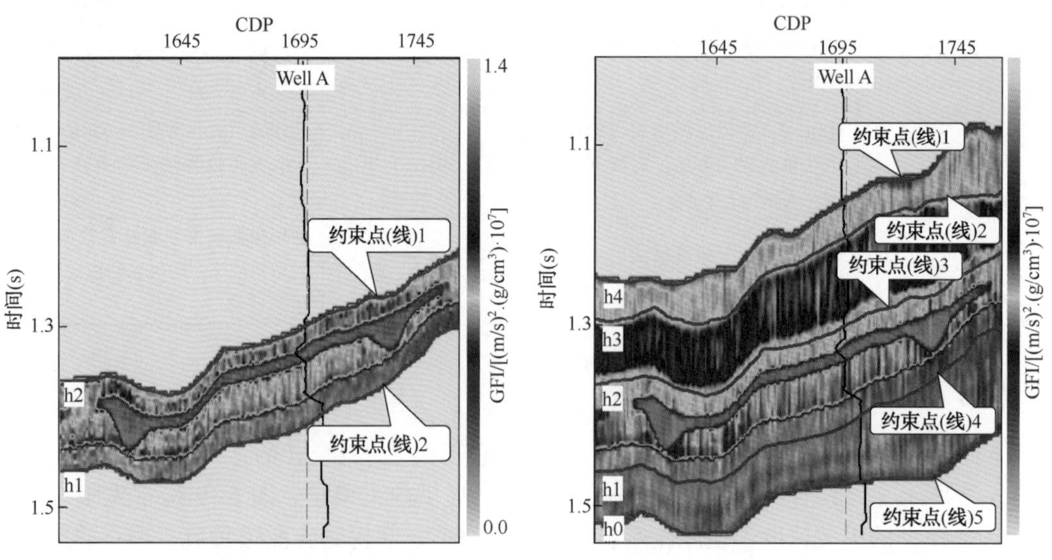

图 6-10　模式 1 流体因子提取结果　　　图 6-11　模式 2 流体因子提取结果

图 6-12 为模式 3 的 Gassmann 流体因子直接提取结果。在该模式中，使用一个极低频模型的所有点进行约束，该极低频模型来自对原始模型的 400 次平滑处理，如图 6-12(a)所示，通过反复试验，设定约束点权重 $\alpha=0.02$。可以看出，相对于模式 1 和模式 2，模式 3 的流体因子提取结果分辨率和准确度略有降低，但是横向上的稳定性却得到了有效的提高。同时需要指出的是，在模式 3 中，低频约束模型的作用只是为了稳定反演结果，并不参与反演解的迭代过程，因此，不会影响到结果的客观准确性。

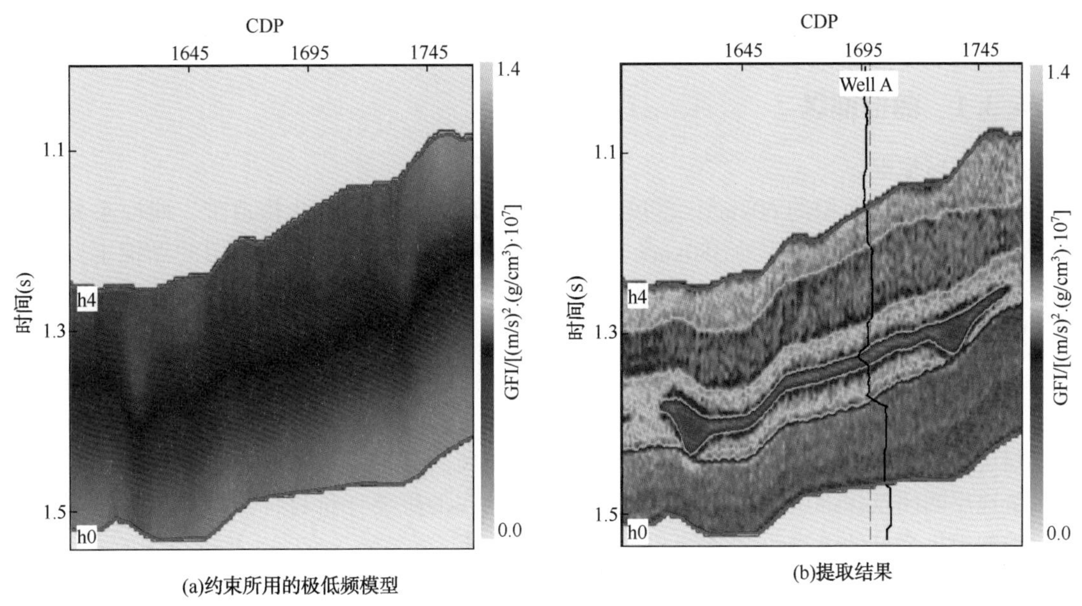

(a)约束所用的极低频模型　(b)提取结果

图 6-12　模式 3 流体因子提取结果

从提取效果可以看出，该方法类似于基于模型的反演方法，但是又不相同的。基于模型的反演方法受模型的影响比较大，且分辨率会比较低。而该方法的灵活度高，且受模型影响的程度小，其优点是可以控制模型对反演结果的影响，在稳定性和分辨率之间寻求一个平衡。

6.2.4　约束模式选取原则

一般来说，模式 1 适合于约束层位间时间段比较小的情况，即属于一种针对目标体的提取模式。实际应用中总结发现，当反演时间段大于一个子波的长度，而小于两个子波的长度时，应用模式 1 会有较好的效果。

模式 2 可以看成是模式 1 的不同组合形式，即模式 2 可以用多个不同的层位作为约束点，进行约束，该方法适用于解释的层位比较多的研究工区。

模式 3 使用约束模型的所有点进行约束，模式 3 更适合于约束层位间时间段比较大的、信噪比低的地震资料的流体因子提取。同时，如果反演的数据段不是很长，可以使用一个常数模型进行点约束，也会有很好的反演结果，即认为在这个时间段内地层的流体因子的变化趋势是个常数。

在实际应用中，对于点约束的模式怎么选取并没有什么规则可言，可尝试不同的约束模式进行约束，并分析不同模式的提取结果和效果。最后需要指出的是，这三种约束模式是最常用的，但并不是唯一的，也可以根据工区的实际情况来制订不同的约束模式，此时只需要改变点约束的矩阵方程即可，或是将这三种模式进行组合使用，同样会有很好的效果。

6.3 实际应用

6.3.1 曲堤地区

(1) 工区概况。

曲堤地区工区面积约 60km²，惠民南部斜坡带东段的曲堤鼻状构造带、曲堤东鼻状构造带和白桥构造，勘探面积约 380km²，如图 6-13 所示。近几年曲堤油田的勘探主要集中在曲堤鼻状构造带上，勘探目标以小断块油藏勘探为主，岩性、构造岩性及地层圈闭目标评价刚刚起步，东部的曲堤东鼻状构造带和白桥构造带勘探程度低。

从勘探现状看，目前发现的含油气层系分布在西部曲堤鼻状构造带上的沙河街组及馆陶组地层中，油藏类型主要以复杂的小断块油藏为主。随着勘探程度的深入，这种整装大规模断块构造圈闭越来越少，而多物源沉积体系与断裂匹配形成的构造—岩性圈闭、南部超剥带地层圈闭及深部层系的中生界应是下一步勘探的重要评价目标。目前该区在明化镇组、馆陶组见良好油气显示，展示了良好的勘探前景。

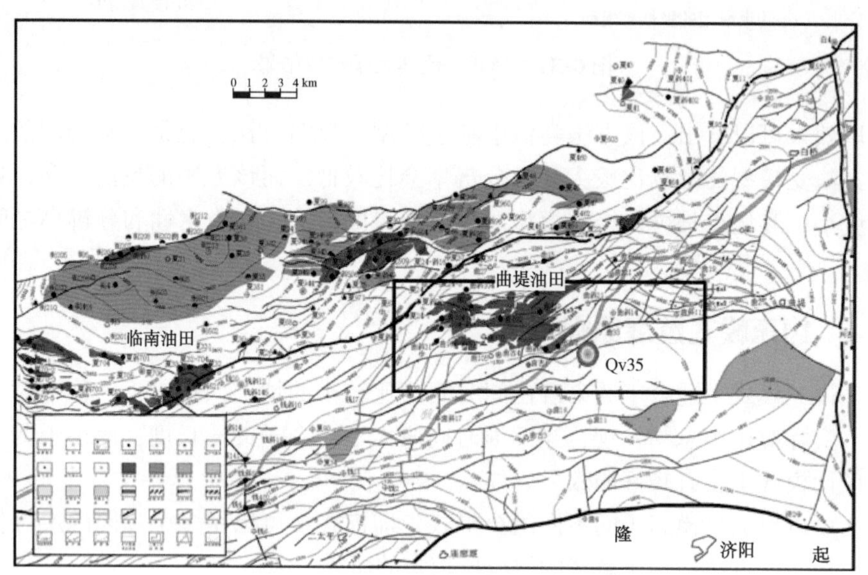

图 6-13　惠民凹陷南坡勘探部署图

该区内 Qv35 井在馆陶组钻遇一套 2m 气层，深度为 1023~1025m；一套 7m 油层，深度为 1027~1033m；一套 3m 水层，深度为 1045~1048m。如图 6-14 所示。

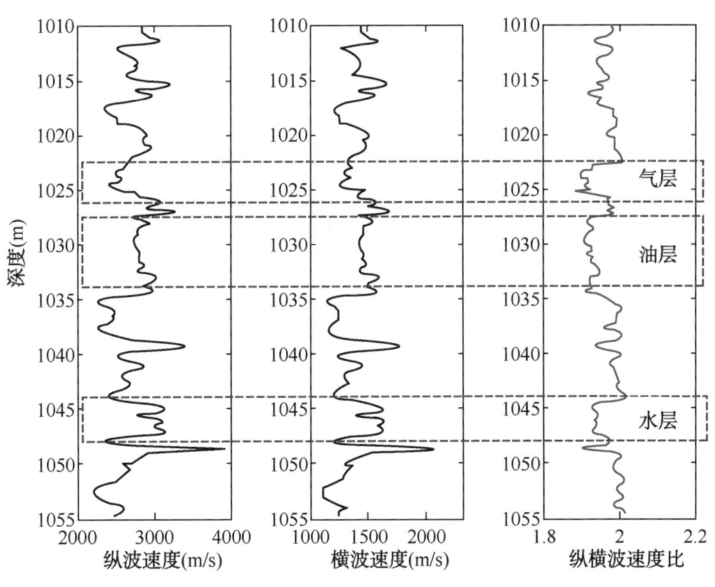

图 6-14 Qv35 井纵、横波速度曲线

在第 3 章流体因子敏感性定量分析中，已经对该地区 7 种流体因子的敏感性进行了分析，认为 Gassmann 流体因子对流体的识别最为敏感，无论是对气—水、油—水还是气—油，该流体因子的区分能力均最高。

（2）Gassmann 流体因子直接提取。

叠前数据使用的是三个角度的部分叠加数据，角度分别是 10°，20°，30°，如图 6-15 所示，地震反射属于中强度振幅，信噪比较低。以 T0(明化镇底)和 T1(馆陶组底)作为控制层位进行反演。通过分析，认为该区的地震资料的信噪比较低并且连续性较差。同时，根据工区测井资料和岩石物理的分析结果，并不断地反复试算，认为当 $\gamma_{dry}^2=2.3$，$\lambda_1=0.5$，$\alpha=0.01$ 时的 Gassmann 流体因子提取结果最为理想。

图 6-16 为 Gassmann 流体因子提取结果过井的一条剖面。图中黑色曲线为伽马测井曲线，粉红色曲线为油气指示曲线，在井旁道 0.96s 处分别有一个 2m 的气层和 7m 的油层，但是由于地震分辨率的原因，流体因子提取结果应该是这两个储层的综合响应，Gassmann 流体因子直接提取结果在此处表现为低值。

图 6-17 为直接提取与间接提取结果对比，沿 T0 向下 30ms 提取均方根振幅属性。图 6-17(a)为 Gassmann 流体因子直接提取结果，井所在的区域内流体因子表现为低值，该井东南方向上的曲流河道痕迹略微可见，其中的低值区域就是最可能含有油气的储层。可以看出，这些有利储层的分布范围十分有限，而且多分布在河道转弯处。这是由于转弯处水流变缓，形成了河道滞留沉积砂体，此处沉积的砂岩颗粒一般较粗，也是较好的储层。图 6-17(b)为 V_P/V_S 间接提取结果，井所在的区域内流体因子亦表现为低值，该井南面的河道也比较清楚。但是，该井东南方向上的曲流河道模糊难辨，并且含油气有利区过大，与实际情况不符，说明间接提取的 V_P/V_S 准确度和分辨率不高，并且针对该研究工区，V_P/V_S 的油气指示能力不如 Gassmann 流体因子。

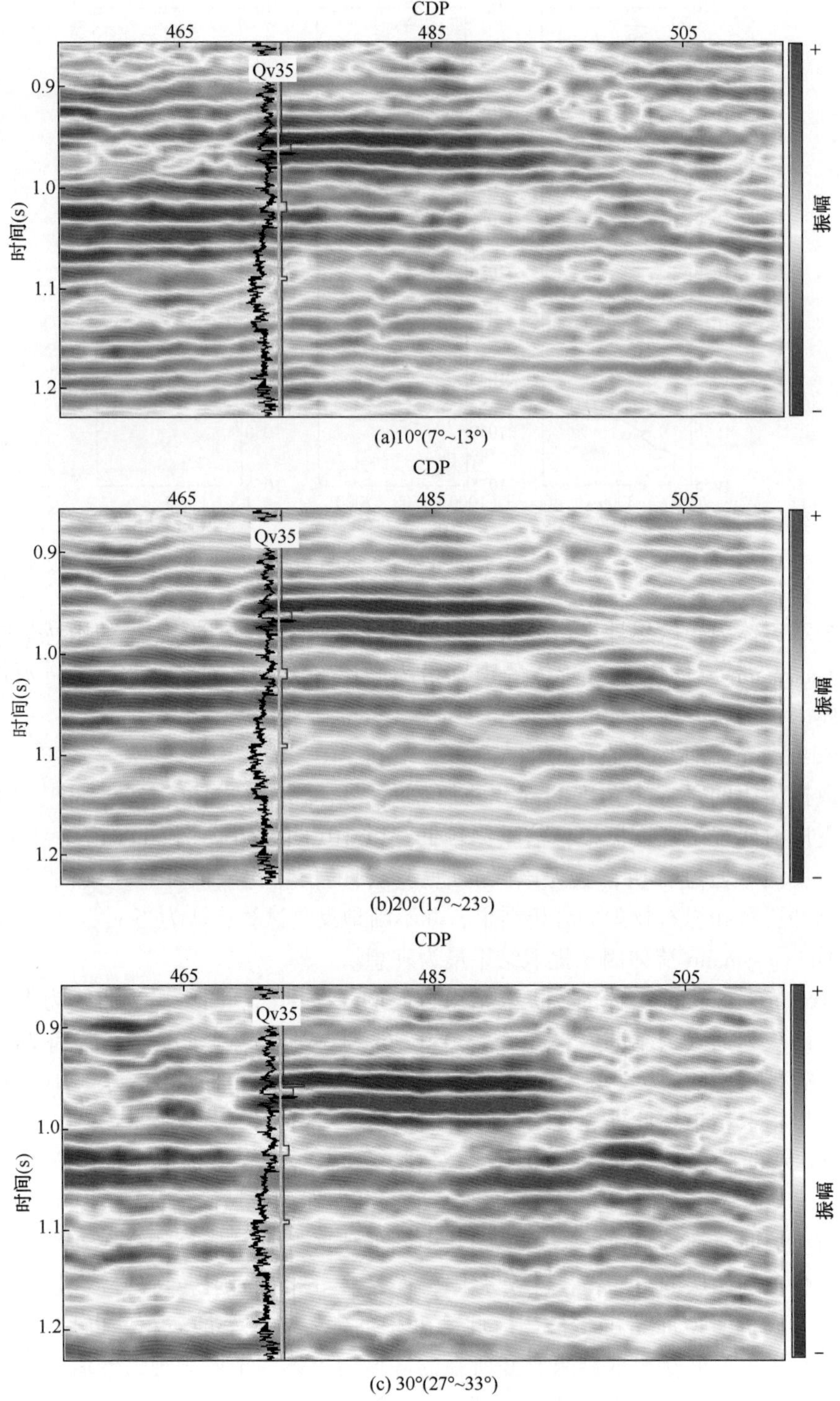

图 6-15　角度部分叠加地震剖面

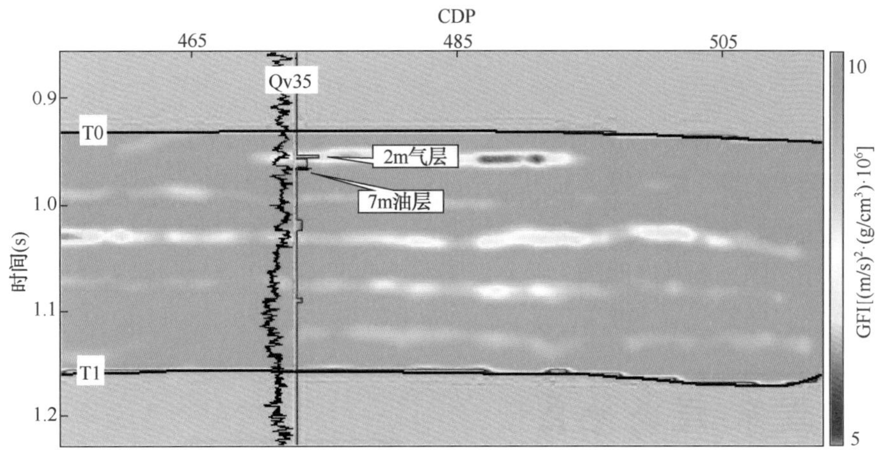

图 6-16　Gassmann 流体因子直接提取结果剖面

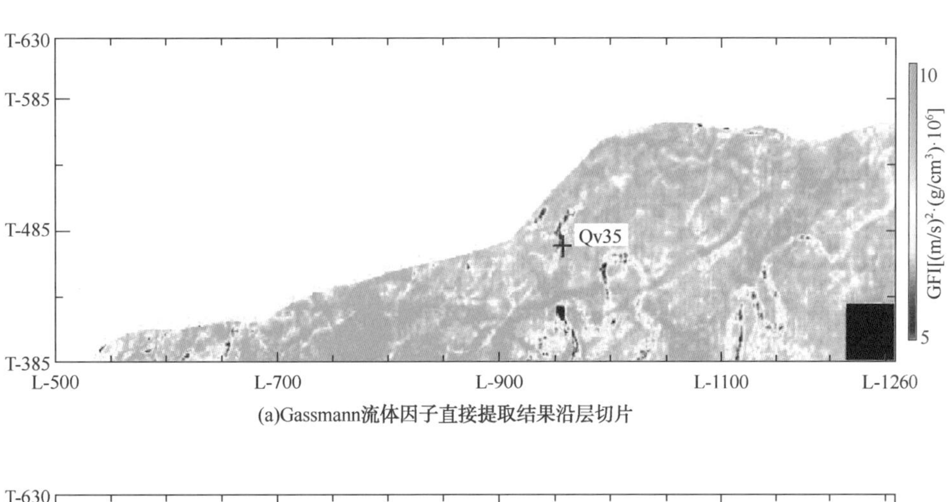

(a)Gassmann流体因子直接提取结果沿层切片

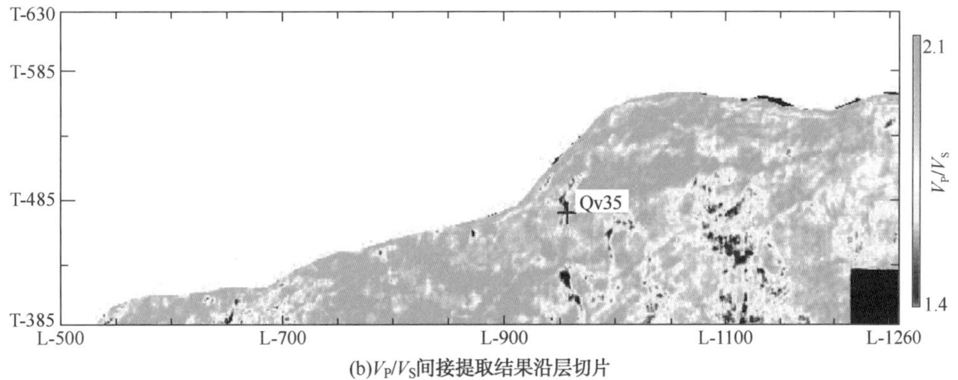

(b)V_P/V_S间接提取结果沿层切片

图 6-17　直接提取与间接提取结果对比

6.3.2 埕岛地区

（1）工区概况

埕岛油田位于山东省东营市河口区桩西地区北部水深为 2～18m 的渤海湾极浅海—浅海水域。埕岛东斜坡地区，位于埕岛油田东北部，渤海湾盆地南部的浅海海域，区域构造上处于埕宁隆起带埕北低凸起的东南部，为埕北低凸起东部向渤中凹陷延伸的斜坡部分。构造位置处于渤中凹陷、黄河口凹陷、埕北凹陷和沙南凹陷的交会处，北为渤南凹陷、渤中凹陷，东为黄河口凹陷，南为桩东凹陷，西为埕北凹陷，如图 6-18 所示。

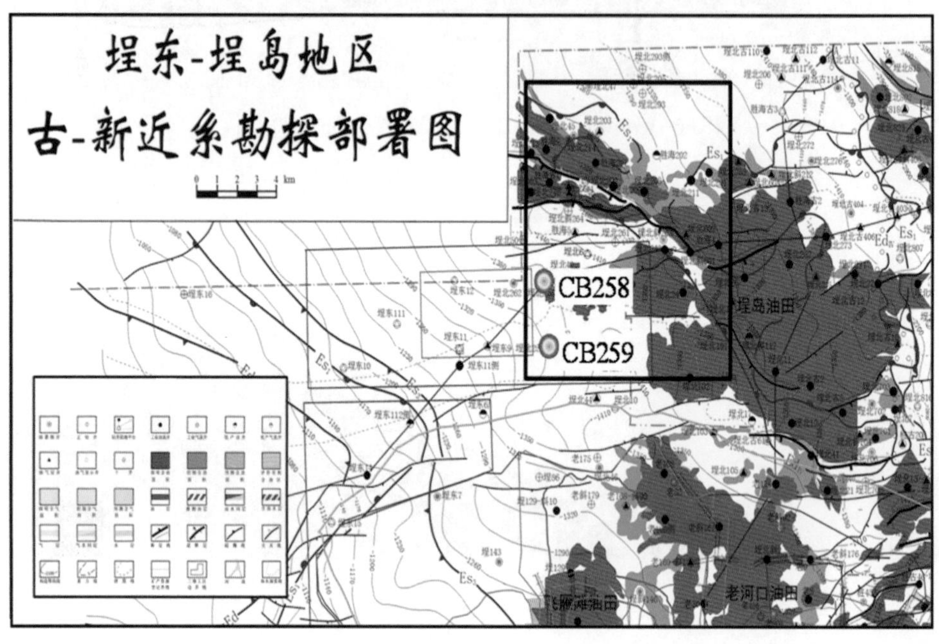

图 6-18　埕东—埕岛地区古近—新近系勘探部署图

埕岛油田是在古近潜山基础上发育起来的大型超覆—披覆含油构造带，按构造单元可划分为埕岛油田主体、埕岛东部斜坡带、桩海地区、埕北凹陷带等多个区带。本次研究工区为埕岛油田主体、东斜坡及桩海三个区带。目标区主要是埕北断裂带西翼，面积为 210km^2 左右。针对明化镇 4 砂组含油性进行研究。明化镇沉积属于高弯度曲流河沉积，泛滥平原亚相广泛发育，河道分布范围小，而且呈弯曲的窄带状，而 Nm42 和 Nm43 的河道宽度相对比较大，一般在 500m 以上。从图 6-19 看出，Nm42 和 Nm43 为主要含油层系，且为泥包砂岩性组合，砂地比适中，有利于油气成藏。

（2）Gassmann 流体因子直接提取。

叠前数据使用的是部分叠加角道集数据，以 Nm41 和 T0 作为控制层位，上下各开 50ms 进行反演。通过分析，认为该区的地震资料的信噪比较低并且连续性较差，且反演的时间段较长（约 240ms），所以采用约束模式 3 进行约束。由于考虑到待反演的时间段只有 200ms

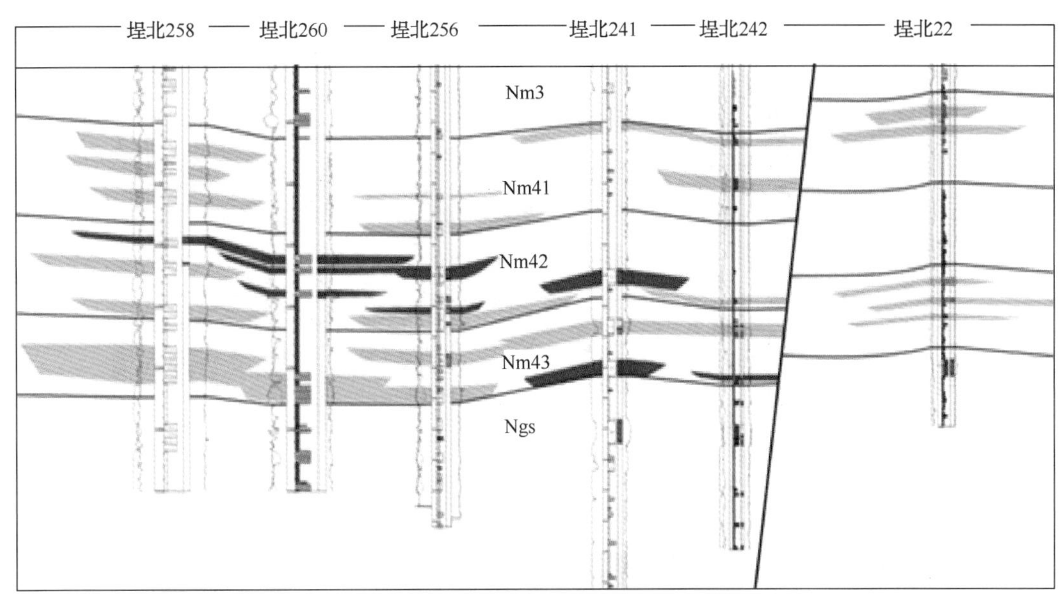

图 6-19　埕北 258—埕北 22 井近东西向储层对比图

左右，可以近似地将该时间段内的流体因子值的变化趋势看成是一个直线。根据工区内的测井资料计算可知，工区的流体因子平均值在 1.05×10^7 左右，即提取过程使用一个值为 1.05×10^7 的常数模型进行约束。同时，根据工区测井资料和岩石物理的分析结果，并不断地反复试算，认为当 $\gamma_{dry}^2=2.25$，$\gamma_{sat}^2=4.0$，$\lambda_1=0.65$，$\alpha=0.1$ 时的流体因子提取结果最为理想。

进一步将流体因子直接提取的结果和间接求取的结果进行了对比分析。图 6-20(a)为叠后地震剖面，黑色曲线为伽马测井曲线，粉红色曲线为油水指示曲线，地震反射属于中强度振幅，信噪比较低，很难通过叠后亮点或是分频技术有效地识别含油气性。图 6-20(b)为 Gassmann流体因子直接提取的结果，图 6-20(c)为间接提取的结果，其中白色曲线为伽马曲线。对于 CB258 井，井旁道 1.06s 和 1.077s 处分别有一个 6m，10m 的油层，1.11s 处有一水层，图 6-20(b)的流体因子直接提取结果在这三处都表现为低值，并且油层的流体因子相对于水层的流体因子更低一些。而图 6-20(c)的流体因子间接提取结果对于 6m 油层的反应并不明显，对于 10m 的水层没有反应。

对于 CB259 井，井旁道 1.055s 处、1.075s 处、1.105s 处分别有一个 11m、9m、7m 的水层。图 6-20(b)的流体因子直接提取结果对于这三处都能较好地识别；而图 6-20(c)的流体因子间接提取结果只是在 1.06s 处有个很低的值，对于上面的两个水层，也没有分开，分辨率明显低于流体因子直接提取的结果。图 6-21 为某商业软件 V_P/V_S 提取结果，和流体因子直接提取结果进行对比可以看出，该商业软件 V_P/V_S 的流体识别准确度不如 Gassmann 流体因子。

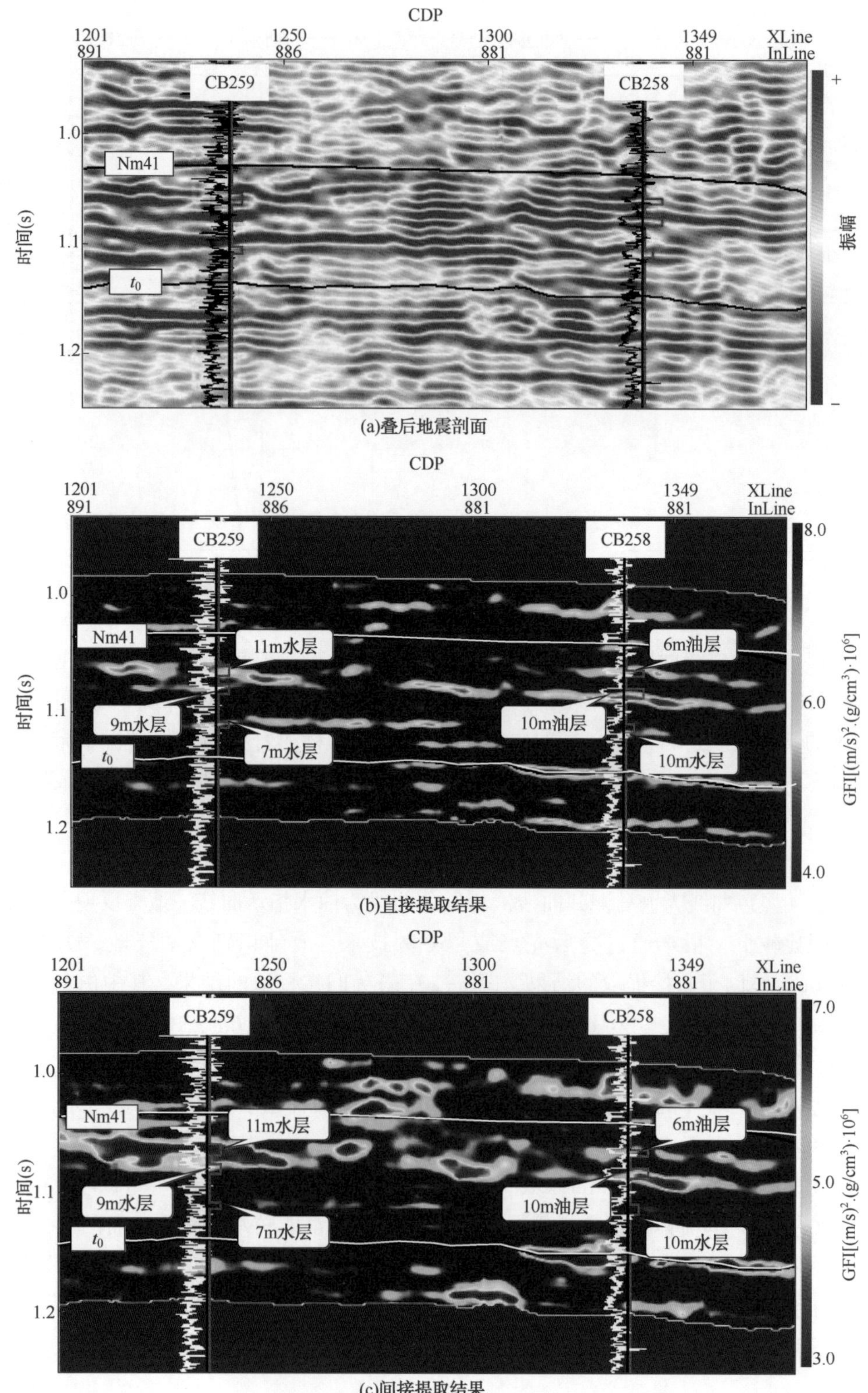

图 6-20 Gassmann 流体因子提取结果

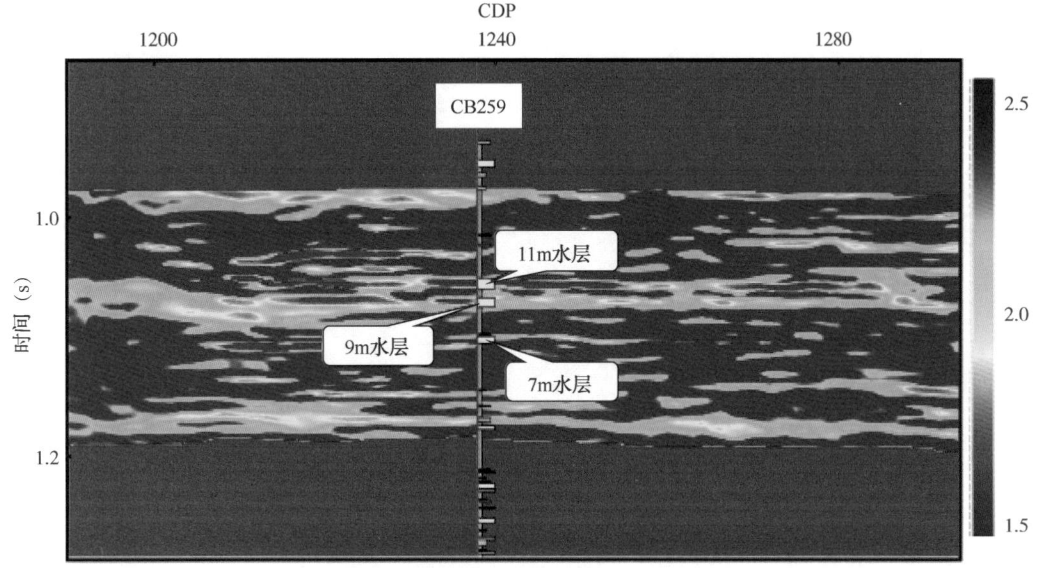

图 6-21　某商业软件 V_P/V_S 提取结果

通过以上的对比可以看出，流体因子在油层、水层处都表现为低值，但是油层的流体因子相对于水层的流体因子会更低一些。相对于间接提取的方法，本文提出的 Gassmann 流体因子直接提取结果的分辨率更高、准确性更好，从而实现了不同流体的有效区分，并且能够与已知的流体解释结果很好地匹配，说明了算法的准确性。

下面通过提取两个数据体的沿层结果进行比较，来进一步对比和分析所提出的方法的有效性和先进性。如图 6-22 所示，图 6-22(a)为本文方法的流体因子直接提取结果，图 6-22(b)为流体因子间接提取的结果，图 6-22(c)为某商业软件 V_P/V_S 提取结果，沿 Nm41 层位往下 40ms 流体因子均方根振幅值。本工区目的层系为河流相储层，流体因子直接提取的结果[图 6-22(a)]很好地展现了河流相砂体储层的形态，准确度高。然而，相比于流体因子直接提取的结果，流体因子间接提取结果[图 6-22(b)]并没有较好地展现河道砂体储层的形态，特别是 CB259 井在沿层切片上也表现出很低的流体因子值，与实钻结果不吻合。商业软件的 V_P/V_S 提取结果流体识别的准确度不够高。其他几条剖面的流体因子直接提取结果如图 6-23 和图 6-24 所示。

6.3.3　草桥地区

(1) 工区概况。

东营凹陷南坡地层圈闭(油气藏)具有圈闭边界条件复杂、形态不规则、赋存状态隐蔽、成藏条件复杂、油气运聚机理多样等地质特征，其含油气预测是该地区地层油藏描述的重要工作之一。草南地区位于东营凹陷南斜坡东段，勘探面积约为 180km^2，如图 6-25 所示。

已发现储量主要分布于一级不整合面上下，低级次不整合面控制的圈闭是重要的勘探方向。草桥地区二级不整合 T3 为沙河街组内部沙一段/沙二段与沙三段地层之间的沉积不整合，如图 6-26 所示。

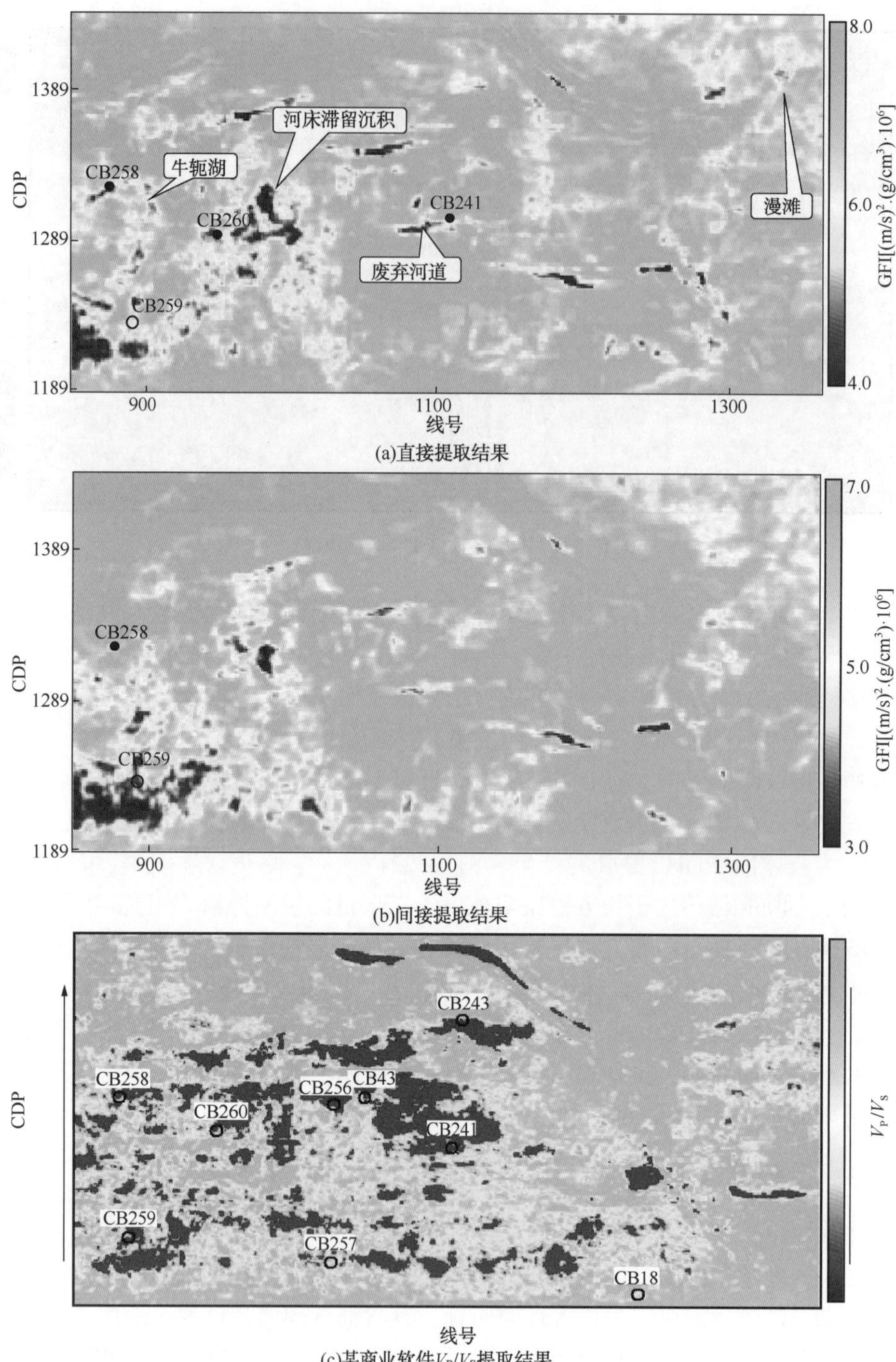

图 6-22 Gassmann 流体因子提取结果对比

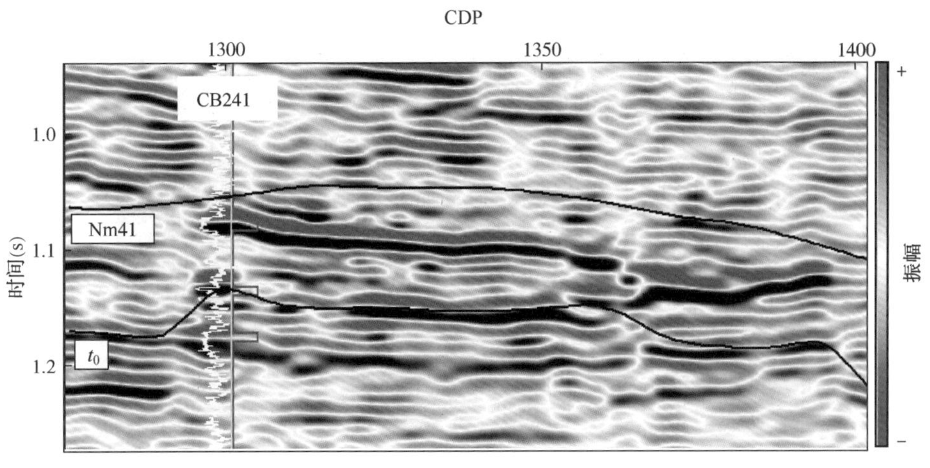

(a)部分叠加剖面

(b)流体因子剖面

图 6-23　CDP1108 流体因子直接提取结果

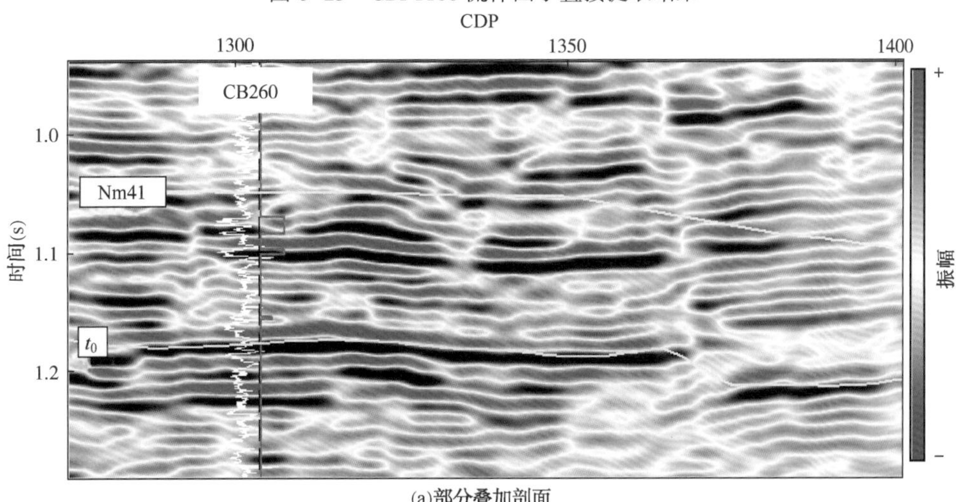

(a)部分叠加剖面

图 6-24　CDP950 流体因子直接提取结果

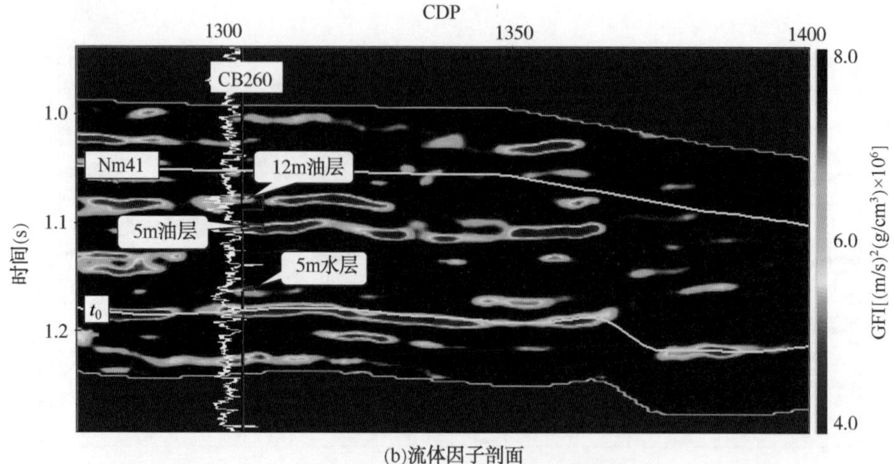

(b)流体因子剖面

图 6-24　CDP950 流体因子直接提取结果(续)

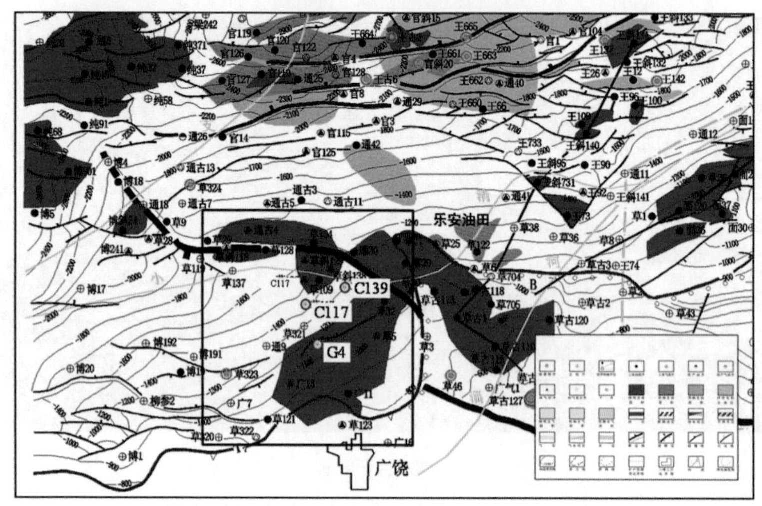

图 6-25　东营凹陷南坡勘探部署图

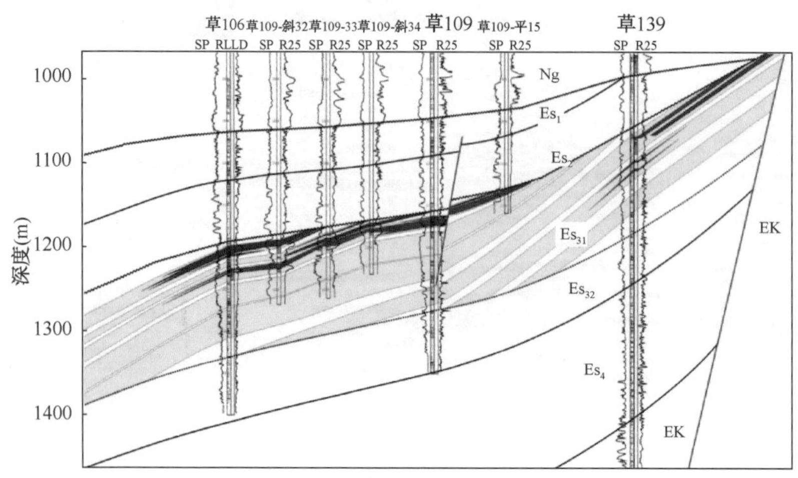

图 6-26　草南地区近东西向油藏剖面

草桥地区沙三上的有效地层圈闭主要受断层及剥蚀线的控制，沿断层及剥蚀线呈条带状分布，如图 6-27 所示。

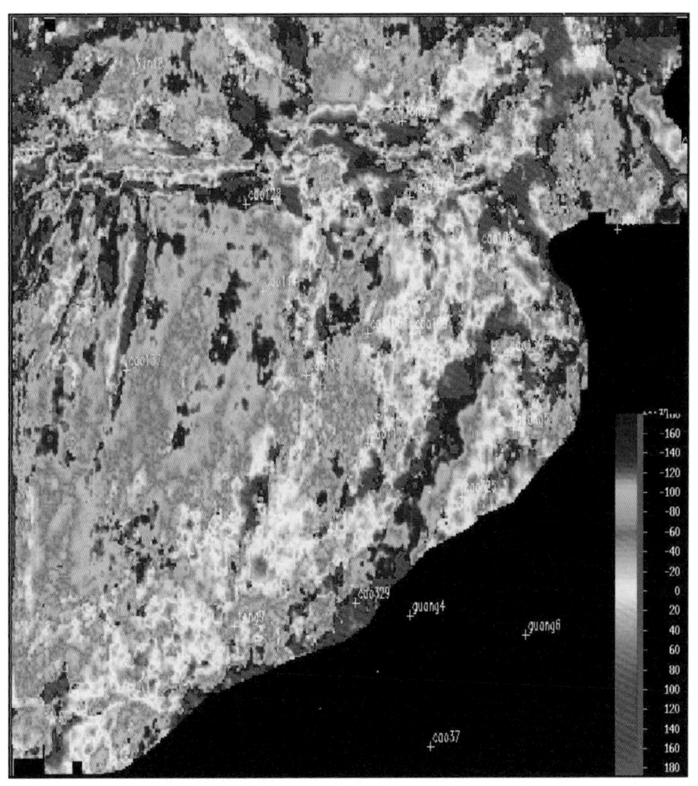

图 6-27　T3 不整合相位属性

（2）Gassmann 流体因子直接提取。

叠前数据使用的是三个角度的部分叠加数据，图 6-28 为沙三上 Gassmann 流体因子提取结果沿层切片，图 6-29 为沙三上密度提取结果沿层切片。综合流体因子和密度属性可以看出，草桥地区沙三上部油气成藏受 Es_2/Es_3 的二级不整合控制，油气沿剥蚀线呈条带状的分布，主要发育在地层圈闭的构造高部位。表 6-2 为储层预测与实际含油气性吻合度对比表，经过统计分析，与实际的地质情况吻合度在 77%左右，说明了新方法的有效性。

表 6-2　预测与实际含油气性吻合度对比

井位	钻井实际情况	预测结果	预测与实际符合情况
C10	油层	油层	吻合
C108	油层	不发育	不吻合
C105	油层	不发育	不吻合
C124	油层	油层	吻合
C114	不发育	不发育	吻合

续表

井位	钻井实际情况	预测结果	预测与实际符合情况
C115	不发育	不发育	吻合
C109	油层	油层	吻合
C106	油层	不发育	不吻合
C139	油层	油层	吻合
C4	油层	油层	吻合
C117	水层	水层	吻合
C137	不发育	不发育	吻合
G4	油层	油层	吻合
T72	水层	水层	吻合

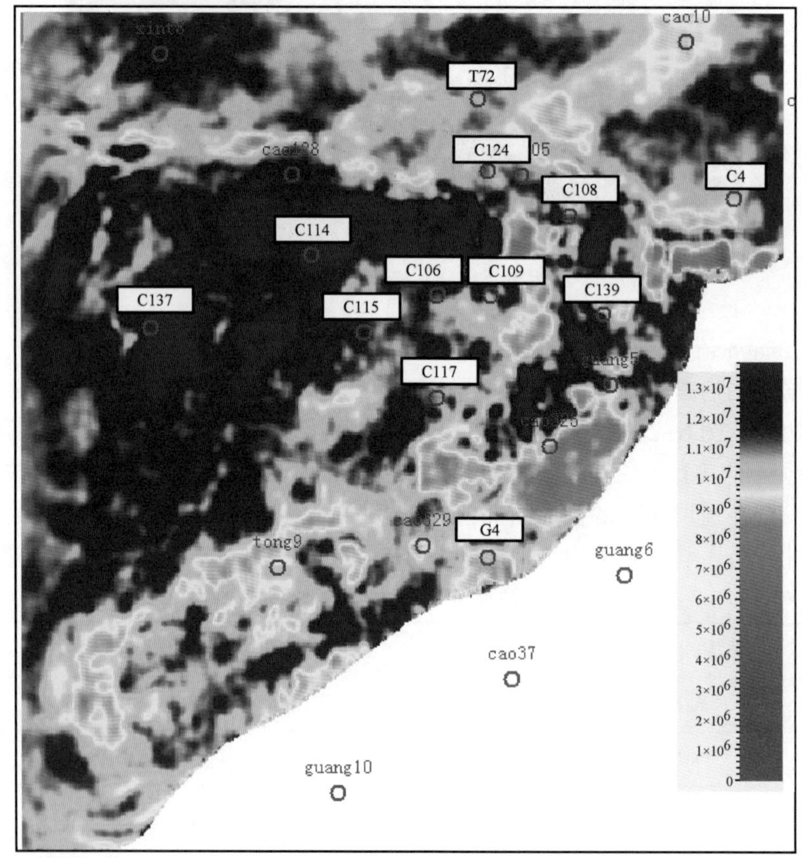

图 6-28 沙三上 Gassmann 流体因子提取结果沿层切片

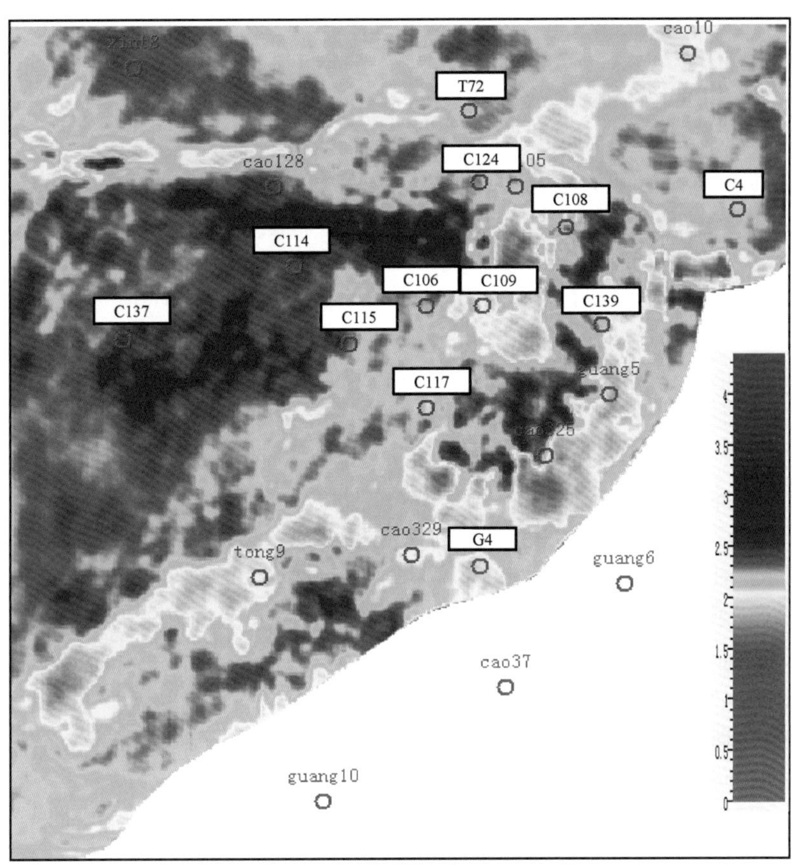

图 6-29　沙三上密度提取结果沿层切片

参 考 文 献

[1] Aki K I, Richards P G. Quantitative seismology: theory and methods[J]. W H Freeman and Co Cambridge, 1980: 144-154.

[2] Bachrach R. Joint estimation of porosity and saturation using stochastic rock-physics modeling[J]. Geophysics, 2006, 71(5), 53-63.

[3] Batzle M L, Wang Z. Seismic properties of pore fluids[J]. Geophysics, 1992, 64: 1396-1408.

[4] Biot M A. Theory of propagation of elastic waves in a fluid saturated porous solid[J]. Journal of the Acoustical Society of America, 1956, 28(2): 168-191.

[5] Bosch M, Mukerji T, González E F. Seismic inversion for reservoir properties combining statistical rock physics and geostatistics[J]. A review. Geophysics, 2010, 75(5): 165-176.

[6] Brown R, Korringa J. On the dependence of the elastic properties of a porous rock on the compressibility of the pore fluid[J]. Geophysics, 1975, 40(4): 608-616.

[7] Buland A, Kolbjornsen O, Omre H. Rapid spatially coupled AVO inversion in the Fourier domain[J]. Geophysics, 2003, 68(3): 824-836.

[8] Buland A, Omre H. Bayesian linearized AVO inversion[J]. Geophysics, 2003, 68(3): 185-198.

[9] Buland A, Landrø M. The impact of common offset migration on porosity estimation by AVO inversion [J]. Geophysics, 2001, 66(3): 755-762.

[10] Castagna J P, Batzle M L, Eastwood R L. Relationships between compressional-wave and shear-wave velocities in clastic silicate rocks[J]. Geophysics, 1985, 50: 571-581.

[11] Castagna J P, Swan H W, Foster D J. Framework for AVO gradient and intercept interpretation[J]. Geophysicists, 1998 63: 948-956.

[12] Cheng C H. Crack models for a transversely anisotropic medium[J]. Geophys Res, 1993, 98: 675-684.

[13] Cheng C H. Seismic velocities in porous rocks: direct and inverse problems[J]. Massachusetts: ScD thesis, MIT, Cambridge, 1978.

[14] Connolly P. Elastic impedance[J]. The Leading Edge, 1999, 18(4): 438-452.

[15] Downton J E. Seismic parameter estimation from AVO inversion. Doctor' s dissertation[J]. University of Calgary, 2005.

[16] Doyen P. Seismic reservoir characterization[J]. EAGE, 2007.

[17] Eshelby J D. The determination of the elastic field of an ellipsoidal inclusion, and related problems[J]. Proc Royal Soc London, 1957, 241(A): 376-396.

[18] Fatti J L, Smith G C, Vail P J, et al. Detection of gas in sandstone reservoirs using AVO analysis: A 3-D seismic case history using the Geostack technique[J]. Geophysics, 1994, 59, 1362-1376.

[19] Gassmann F. Elastic waves through a packing of spheres[J]. Geophysics, 1951, 16(4): 673-685.

[20] Goodway B, Chen T, Downton J. Improved AVO fluid detection and lithology discrimination using Lame petrophysical parameters[J]. SEG Annual Meeting, 1997: 183-186.

[21] Greenberg M L, Castagna J P. Shear-wave velocity estimation in porous rocks: Theoreticalformulation, preliminary verification and applications[J]. Geophysical Prospecting, 1992, 40: 195-209.

[22] Grana D. Bayesian inversion methods for seismic reservoir characterization and time-lapse studies[J]. USA: Stanford University, 2013.

[23] Haas A, Dubrule O. Geostatistical inversion—A sequential method of stochastic reservoir modeling constrained by seismic data[J]. First Break, 1994, 12: 561-569.

[24] Hampson D P, Russell B H. Simultaneous inversion of pre-stack seismic data[J]. SEG Annual Meeting, 2005: 1633-1637.

[25] Hampson D P. AVO inversion, theory and practice[J]. Geophysics, 1991, 56(6), 39-42.

[26] Han D H, Nur A, and Morgan D. Effects of porosity and clay content on wave velocities[J]. Geophysics, 1986, 51: 2093-2107.

[27] Hashin Z, Shtrikman S. A variational approach to the theory of the elastic behavior of multiphase materials [J]. Mech Phys Solids, 1963, 11: 127-140.

[28] Hill R. The elastic behavior of a crystalline aggregate[J]. Proceedings of the Physical Society, London. Series, A, 1952, 65(5): 349-354.

[29] Jørstad A, Mukerji T, and Mavko G. Model-based shear-wave velocityestimation versus empirical regressions [J]. Geophysical Prospecting, 1999, 47: 85-797.

[30] Krief M, Garat J, Stellingwerff J, et al. A petrophysical interpretation using the velocities of P and S waves (full-wavefrom sonic)[J]. The Log Analyst, 1990, 31(11): 355-369.

[31] Kuster G T, Toksöz M N. Velocity and attenuation of seismic waves in two-phase media[J]. Geophysics, 1974, 39(5): 587-618.

[32] Larue A, Mars J, Jutten C. Blind frequency deconvolution: A new approach using mutual information rate [J]. SEG Annual Meeting, 2004: 1941-1944.

[33] Lee M W. A simple method of predicting S-wave velocity[J]. Geophysics, 2006, 69(5): 161-164.

[34] Marion D. Acoustical, mechanical and transport properties of sediments and granular materials[J]. USA: Stanford University, 1990.

[35] Mavko G, Mukerji T, Dvorkin J. The rock physics handbook[J]. Cambridge University Press, 2009.

[36] Mohammad-Djafari A. A full Bayesian approach for inverse problems[J]. Kluwer Academic Publishers, 1996.

[37] Mosher C C, Keho T H, Weglein A B, et al. The impact of migration on AVO[J]. Geophysics, 1996, 61: 1603-1615.

[38] OliverD. Inverse theory for petroleum reservoir characterization and history matching[J]. Cambridge University Press, 2008.

[39] Ostrander W J. Plane wave reflection coefficients for gas sands at nonnormal angles of incidence[J]. SEG Annual Meeting, 1982.

[40] Pride S R, Berryman J G, Harris J M. Seismic attenuation due to wave-induced flow[J]. Journal of Geophysical Research, 2004, 109, B01201.

[41] Russell B H, Gray D, Hampson D P. Linearized AVO and poroelasticity[J]. Geophysics, 2011, 76(3): 19-29.

[42] Russell B H, Hedlin K, Hilterman F J, et al. Fluid-property discrimination with AVO: A Biot-Gassmann perspective[J]. Geophysics, 2003, 68(1): 29-39.

[43] Russell B. H, Hampson D. P. A comparison of poststack seismic inversion methods[J]. SEG Annual Meeting, 1991: 876-878.

[44] Sacchi M D. Inverse Problems in Exploration Seismology [EB/OL]. http://www-geo.phys.ualberta.ca/saig/, 2005.

[45] Sacchi M D. Statistical and Transform Methods for Seismic Signal Processing[J]. University of Alberta, 1999.

[46] Santamar I, et. al. Deconvolution of Seismic Data Using Adaptive Gaussian Mixtures[J]. IEEE Trans on Geoscience and Remote Sensing, 1999, 37(3): 855-859.

[47] Sen M K, Stoffa P L. Nonlinear one-dimensional seismic waveform inversion using simulated annealing [J]. Geophysics, 1991, 56: 1624-1638.

[48] Shewchuck J. An introduction to the conjugate gradient method without the agonizing pain[J]. School of Computer Science, Carnegie Mellon University, Pittsburg, 1994.

[49] Shuey R. A simplification of the Zoeppritz equations[J]. Geophysics, 1985, 50(4): 609-614.

[50] Simmons J L, Backus M M. Waveform-based AVO inversion and AVO prediction error[J]. Geophysics, 1996, 61: 1575-1588.

[51] Smith G C, Gidlow P M. Weighted stacking for rock property estimation and detection of gas [J]. Geophys. Prosp., 1987, 35: 993-1014.

[52] Smith G C. A comparison of the fluid factor with Lamda and mu in AVO analysis[J]. SEG Annual Meeting, 2000: 1940-1945.

[53] Tarantola A. Inverse problem theory and methods for model parameter estimation[J]. Philadelphia: Society for Industrial and Applied Mathematics, 2005.

[54] Ulrych T J, Sacchi M D, Woodbury A. A Bayes tour of inversion: a tutorial[J]. Geophysics, 2001, 66: 5-69.

[55] Walden A T. Non-Gaussian reflectivity, entropy, and deconvolution[J]. Geophysics, 1985, 50(12): 2862-2888.

[56] Wood A W. A textbook of sound[J]. New York: The MacMillan Co, 1955.

[57] Xu S, White R E. A new velocity model for clay-sand mixtures[J]. Geophysical Prospecting, 1995, 43(1): 91-118.

[58] Xu S, White R E. A physical model for shear-wave velocity prediction[J]. Geophysical Prospecting, 1996, 44: 687-717.

[59] Yang P J, Liu S H, Mu X. A Novel Method for Direct Fluid Factor Extraction[J]. SEG Annual Meeting, 2014: 3174-3178.

[60] Yang P J, Liu S H, Wang C J. S-wave velocity prediction using a modified P-L model[J]. SEG Annual Meeting, 2017: 3750-3754.

[61] Yang P J, Yin X Y, Zhang G Z. Research on poststack seismic blind inversion[J]. SEG Annual Meeting, 2007: 1967-1971.

[62] Yin X Y, Yang P J. A novel prestack AVO inversion and application[J]. 78th Annual Meeting, SEG, Expanded Abstracts, 2008: 2041-2044.

[63] Youzwishen C F. Non-linear sparse and block constraints for seismic inversion problems[J]. Master's thesis. University of Albert, 2001, 9.

[64] Zong Z, Yin X, and Wu G. Elastic impedance parameterization and inversion with Young's modulus and Poisson's ratio[J]. Geophysics, 2013, 78(6): 35-42.

[65] Vapnik V N. 统计学习理论的本质[M]. 张学工译. 北京：清华大学出版社，2000.

[66] 白俊雨，宋志翔，苏凌，等. 基于 Xu-White 模型横波速度预测的误差分析[J]. 地球物理学报，2012，55(2)：589-595.

[67] 陈建江. AVO三参数反演方法研究[M]. 东营：中国石油大学出版社，2007.
[68] 杜世通. 地震波动力学[M]. 东营：石油大学出版社，1996.
[69] 傅淑芳，朱仁益. 地球物理反演问题[M]. 北京：地震出版社，1998.
[70] 黄绪德. 反褶积与地震道反演[M]. 北京：石油工业出版社，1992.
[71] 李庆忠. 走向精确勘探的道路[M]. 北京：石油工业出版社，1993.
[72] 李世雄，刘家琦. 小波变换和反演数学基础[M]. 北京：地质出版社，1983.
[73] 李维新，王红，姚振兴，等. 基于约束条件横波速度反演和流体替代[J]. 地球物理学报，2009，52(3)：785-791.
[74] 李晓明，陈双全，李向阳. 利用多分量地震数据反演近地表横波速度[J]. 石油地球物理勘探，2012，47(4)：532-536.
[75] 李振春，张军华. 地震数据处理方法[M]. 东营：石油大学出版社，2004.
[76] 刘定进. 叠前波动方程保幅偏移方法研究[M]. 东营：中国石油大学出版社，2007.
[77] 陆基孟，王永刚. 地震勘探原理(第三版)[M]. 东营：中国石油大学出版社，2009.
[78] 孟宪军. 复杂岩性储层约束地震反演技术[M]. 东营：石油大学出版社，2006.
[79] 宁忠华，贺振华，黄德济. 基于地震资料的高灵敏度流体因子[J]. 石油物探，2006，45(3)：239-242.
[80] 沈平平，刘明新. 石油勘探开发中的数学问题. 地球物理中的反问题[M]. 北京：科学出版社，2002.
[81] 隋淑玲，赵开连. 断裂构造在油气成藏中的作用——以济阳拗陷曲堤油田为例[J]. 石油地球物理勘探，2003，38(6)：666-670.
[82] 孙福利，杨长春，麻三怀，等. 横波速度预测方法[J]. 地球物理学进展，2008，23(2)：470-474.
[83] 王保丽，印兴耀，张繁昌，等. 弹性阻抗反演及应用研究[J]. 地球物理学进展，2005，20(1)：89-92.
[84] 吴志华. 含流体孔隙介质岩石物理分析方法研究[M]. 青岛：中国石油大学出版社，2012.
[85] 熊晓军，林凯，贺振华. 基于等效弹性模量反演的横波速度预测方法[J]. 石油地球物理勘探，2012，47(5)：723-727.
[86] 杨培杰，董兆丽，王长江. 敏感流体因子定量分析与直接提取[J]. 石油地球物理勘探，2015，51(1)：158-164.
[87] 杨培杰，穆星，印兴耀. 叠前三参数同步反演方法及其应用[J]. 石油学报，2009，30(2)：232-236.
[88] 杨培杰，王长江，毕俊凤，等. 可变点约束叠前流体因子直接提取方法[J]. 地球物理学报，2015，58(6)：2188-2200.
[89] 杨培杰，印兴耀，张欣. 叠后地震盲反演及其应用[J]. 石油地球物理勘探，2008，43(3)：284-290.
[90] 杨培杰，印兴耀. 非线性二次规划贝叶斯叠前反演[J]. 地球物理学报，2008，51(6)：1876-1882.
[91] 杨培杰. 地震子波盲提取与非线性反演[M]. 东营：中国石油大学出版社，2008.
[92] 杨文采. 地球物理反演和层析成像[M]. 北京：地质出版社，1989.
[93] 殷八斤. AVO技术的理论与实践[M]. 北京：石油工业出版社，1995.
[94] 印兴耀，曹丹平，王保丽，等. 基于叠前地震反演的流体识别方法研究进展[J]. 石油地球物理勘探，2014，49(1)：22-34.
[95] 印兴耀，张世鑫，张峰. 针对深层流体识别的两项弹性阻抗反演与Russell流体因子直接估算方法研究[J]. 地球物理学报，2013，56(7)：2378-2390.

[96] 印兴耀，张繁昌，孙成禹．叠前地震反演[M]．青岛：中国石油大学出版社，2010.
[97] 张繁昌．叠前地震数据的弹性波反演方法研究[M]．东营：石油大学出版社，2004.
[98] 张广智，李呈呈，印兴耀．基于修正 Xu-white 模型的碳酸盐岩横波速度估算方法[J]．石油地球物理勘探，2012，47(5)：717-722.
[99] 张璐．基于岩石物理的地震储层预测方法应用研究[M]．东营：中国石油大学出版社，2009.
[100] 张世鑫，印兴耀，张繁昌．基于三变量柯西分布先验约束的叠前三参数反演方法[J]．石油地球物理勘探，2011，46(5)：738-743.
[101] 张世鑫．基于地震信息的流体识别方法研究与应用[M]．青岛：中国石油大学出版社，2012.
[102] 郑晓东．Zoeppritz 方程的近似及其应用[J]．石油地球物理勘探，1991，26(2)：129-144.
[103] 宗兆云，印兴耀，张繁昌．基于弹性阻抗贝叶斯反演的拉梅参数提取方法研究[J]．石油地球物理勘探，2011，46(4)：598-604